戦後レジームからの脱却農政

田代 洋一

筑波書房

はじめに

　本書は2012年末に返り咲いた安倍政権の農政を検討する。その農政を「アベノミクス農政」、「ポストTPP農政」などと呼んでみたが、どうもしっくりこなかった。しかし2014年の規制改革会議「答申」により、それが戦後農政の枠組みそのものをひっくり返すものであることが鮮明になってきた。「戦後レジームからの脱却」を目指す安倍政権ならではのことである。そこで本書では安倍政権の農政を総体として「戦後レジームからの脱却農政」と規定した。

　主要な関連法案が2015年の通常国会に提出されることになっている。従って2014年秋が正念場になる。そのようなタイミングを見据えて本書をとりまとめた。

　このような総攻撃を各政策パーツごとに「分析」したのでは、その本質を見失う。またたんなる時論の一齣として扱ったのでは、その歴史的な性格を見失う。

　そこで本書では次の二点に留意した。すなわち、第一の問題に対しては全体像の把握に努めた（第1章）。第二の問題については、各制度・政策について可能な限り歴史的にさかのぼって考察することにした（第2章以下）。しかしその射程には長短がある。

　本書ではまず冒頭に**図0-1**と**表0-1**を掲げた。本書全体のナビゲーターになれば幸いである。また概ね各章の前半を政策経過、後半をその本質や特論の解明にあてた。

　「戦後レジームからの脱却」は、特定秘密保護法、武器輸出三原則見直し、閣議での解釈改憲による集団的自衛権の行使容認から憲法改正に至る一連の過程であり、「戦後レジームからの脱却農政」もその一環である。

しかしながらその渦中にあってはなかなか全容が見えにくい。本書が「同時代史の可視化」に少しでも寄与できるならば幸いである。

2014年8月

田代　洋一

戦後レジームからの脱却農政　目次

はじめに ………………………………………………………………………… 3

第1章　戦後レジームからの脱却農政の構図 ……………………………… 11
　はじめに …………………………………………………………………… 11
　第1節　戦後レジームからの脱却農政の全体像 ………………………… 11
　　1．その全体像 …… 11
　　2．安倍政権の性格とその農政 …… 13
　第2節　戦後レジームからの脱却農政の展開 …………………………… 16
　　1．2013年──アベノミクス＝ポストTPP農政の展開 …… 16
　　2．2014年──戦後レジームからの脱却農政（規制改革会議答申）…… 23
　第3節　政策決定過程の変化 ……………………………………………… 28
　　1．1955年体制・自民党システム期 …… 28
　　2．政権交代開始期 …… 30
　　3．小泉「構造改革」期 …… 31
　　4．「構造改革」反動期 …… 32
　　5．民主党農政期 …… 33
　　6．安倍政権──戦後レジームからの脱却農政 …… 34

第2章　TPP交渉とグローバリゼーション ………………………………… 39
　はじめに …………………………………………………………………… 39
　第1節　TPP交渉を振り返る ……………………………………………… 39
　　1．TPP交渉の経過と到達点 …… 39
　　2．日本のTPP交渉参加 …… 43
　　3．日豪EPA大筋合意とTPP交渉 …… 48
　第2節　TPPとグローバリゼーション …………………………………… 58
　　1．交渉の20世紀型と21世紀型 …… 58
　　2．TPPにかける日米の思惑 …… 60
　　3．ISDS条項 …… 64
　　4．TPPの本質──多国籍企業vs.諸国民 …… 68

第3章　食糧管理と生産調整政策 ········· 73

はじめに ········· 73

第1節　20世紀の生産調整政策 ········· 73

はじめに――時期区分 ····· 73
1．第1期（1968〜77年）開始期 ····· 74
2．第2期（1978〜86年）展開期 ····· 78
3．第3期（1987〜95年）転換期 ····· 83
4．第4期（1996〜2003年）弛緩期 ····· 87

第2節　21世紀の生産調整政策 ········· 92

はじめに――時期区分 ····· 92
1．米政策改革と生産調整政策――自民党政権 ····· 92
2．米戸別所得補償政策と需給調整――民主党農政 ····· 101
3．ポストTPP農政の生産調整政策――自民党政権 ····· 105

第3節　生産調整政策の諸論点 ········· 109

1．なぜ生産調整政策だったのか ····· 109
2．食管法と生産調整政策 ····· 111
3．食糧法と生産調整政策 ····· 113
4．食料安全保障政策としての食糧管理 ····· 115
5．生産調整政策の多面的機能 ····· 117
6．これから ····· 118

第4章　直接支払政策 ········· 121

はじめに ········· 121

第1節　日本型直接支払（多面的機能支払） ········· 122

1．日本型直接支払（多面的機能支払） ····· 122
2．政策評価 ····· 125

第2節　日本の直接所得支払政策 ········· 130

第5章　構造変化と構造政策 ········· 135

はじめに ········· 135

第1節　構造変化と構造政策 ········· 135

1．農業構造の変化 …… *135*
　　2．政権交代下の構造政策 …… *142*
　第2節　集落営農と農業生産法人 …… *147*

第6章　農地管理と農業委員会 …… *161*
　はじめに …… *161*
　第1節　農業委員会の性格と業務 …… *161*
　　1．農業委員会とは何か …… *161*
　　2．農地制度の変化と農業委員会 …… *169*
　　3．これまでの農業委員会批判 …… *174*
　第2節　脱却農政と農業委員会・農業生産法人 …… *181*
　　1．農地中間管理機構をめぐって …… *181*
　　2．農業委員会をめぐって …… *189*
　　3．農業生産法人をめぐって …… *194*
　本節のまとめ …… *197*

第7章　農業協同組合の解体的再編 …… *199*
　はじめに …… *199*
　第1節　農協攻撃の思想 …… *199*
　　1．なぜ、いま、農協攻撃なのか …… *199*
　　2．農協攻撃の狙い …… *202*
　第2節　農協攻撃の実相 …… *207*
　　1．総合農協の解体 …… *207*
　　2．中央会・連合会 …… *213*
　第3節　どう跳ね返すか …… *223*
　　1．全国連の動き …… *223*
　　2．どう跳ね返すか——分断作戦に乗らない …… *226*

終章　脱却農政と国民 …… *229*

あとがき …… *235*

図0-1 戦後レジームからの脱却農政の構図

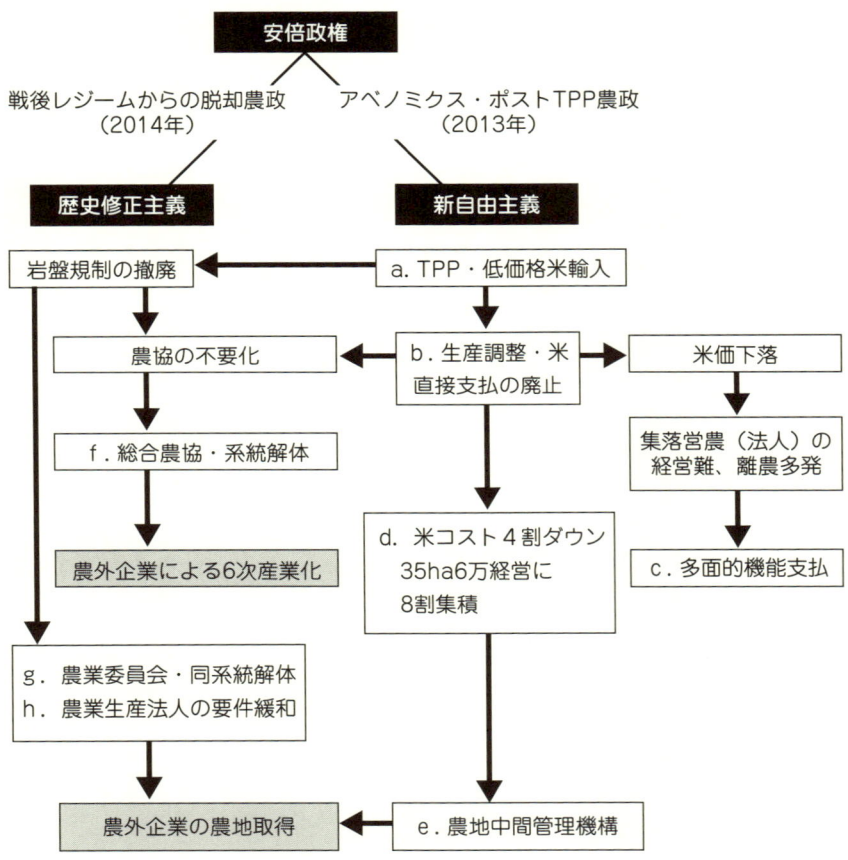

注 1．本書各章との関連は、a→第2章、b→第3章、c→第4章、d→第5章、
　　 e、g、h→第6章、f→第7章。
　2．黒ぬりは基点、網かけはゴールを示す。
　3．『文化連情報』2014年9月号拙稿による。

表0-1 規制改革会議の「意見」と「答申」の比較（2014年）

	農業WGの意見（5月14日）	規制改革会議の答申（6月13日）	措置
農業委員会	・遊休農地対策や転用違反対策に重点	・遊休農地対策を含めた農地利用の最適化に重点	
	・委員の公選制を廃止し、市町村長の選任制に一元化する	・市町村議会の同意を要件に市町村長の選任制に一元化。その際、事前に地域からの推薦・公募などを行える	A
	・委員定数は5～10名程度にする	・委員定数は現行の半分程度にする	A
	・農地利用推進員を設置	・農地利用最適化推進委員の新設	A
	・全国農業会議所・都道府県農業会議制度は廃止	・全国農業会議所・都道府県農業会議は役割を見直し、都道府県・国が規定する新たな制度に移行する	A
	・農地の権利移動の許可は法人を除き届出にする		
	・農家の意見公表、行政庁への建議などの業務は除外	同左	A
農業生産法人	・事業要件は廃止		
	・役員要件は、役員または重要な使用人の1人以上が農作業に従事	同左	A
	・企業の出資要件を2分の1未満に引き上げ	同左	A
	・一定期間農業生産を継続し、農業委員会の許可を得た法人は、要件を適用しない	・農地中間管理機構関連法の5年後の見直しにあわせて、リース方式で参入した企業の状況などを踏まえ、検討・結論を得る	
農協	・中央会制度を廃止し、全中は農業振興のシンクタンクやほかの団体などの組織として再出発	・中央会制度は農協系組織内の検討も踏まえ、自律的な新たな制度に移行	A
	・全農を株式会社に転換する	・農協出資の株式会社に転換できるよう法整備し、独占禁止法の適用に問題がなければ株式会社へ前向きな検討を促す	A
	・単協・連合会の分割・再編、株式会社・生協・社会医療法人・社団法人への転換可	同左	A
	・単協の信用事業は、農林中金に移管または中金の代理業務とする	・信用事業の譲渡・代理店方式を認めているJAバンク法の活用を推進する	B
	・単協の共済事業は全共連の窓口・代理業化	・全共連は単協の事務負担を軽減する事業方式へ	B
	・理事の過半は、認定農業者および地域内外を問わず民間経営経験があり実績を十分有する者とする	・理事の過半は、認定農業者および農産物販売や経営のプロとする	B
		・農林中金・信連・全共連は、農協出資の株式会社化を可	C
	・准組合員の事業利用は正組合員の2分の1を超えてはならない	・正組合員の事業利用との関係で一定のルール導入を検討する	C

注1．『農業共済新聞』2014年6月18日に加筆。空欄は言及がないことを示す。
A…次期通常国会で法改正、B…今年度中に結論、C…今年度中に検討開始

第1章
戦後レジームからの脱却農政の構図

はじめに

　本章は、「戦後レジームからの脱却農政」の全体像に迫ることを目的として、次の点を明らかにする。
　第一は、その時代背景である。それは安倍政権そのものの性格や歴史的位置に関わる（第1節）。
　第二は、その具体的な展開過程である。個別政策の検討は次章以下にゆずり、ここでは全体像をとらえることにしたい（第2節）。
　第三は、このような「改革」を可能にしたものとして、政策決定過程の変化をとらえる（第3節）。
　なお本書では役職は就任当時のものとする。

第1節　戦後レジームからの脱却農政の全体像

1．その全体像

政策の構図

　冒頭の**図0-1**は安倍政権下の2013～2014年の農政展開の全体像をみたものである。簡単に説明すれば、政策の直接的起点はTPPと岩盤規制の撤廃である。そのさらなる背後にあるのは、新自由主義・成長戦略と、歴史修正主義である。
　政策a（TPP）で安い米が輸入されるようになれば、国内でいくら生産調

整しても安い外米に市場を奪われるだけだから生産調整政策は無効になる。そこで政策 b（生産調整政策・米戸別所得補償の廃止）になる。

その結果、米価は二重に下落し、加えて戸別所得補償の廃止で農業所得は大幅ダウンし、集落営農（法人）や担い手経営は立ちいかなくなり、離農が多発する。離農した土地持ち非農家も政権基盤に繋ぎ止めるためには、政策 c（多面的機能支払）を広く薄く講じる。また生産調整政策の廃止は、農政がその遂行に不可欠とした農協を不要にする。

米価下落への対応策として政策 d（コストダウン）が求められる。その実現には飛躍的な農地集積が必要とされ、政策 e（農地中間管理機構）が打ち出される。それは農地管理を農業委員会管理から県管理に移し、地域における農地の自主的集団的管理を疎外する。

今一つの起点は「岩盤規制の撤廃」であり、具体的には政策 f（総合農協、農協系統の解体的再編）、政策 g（農業委員会とその系統組織の解体的再編）、政策 h（農業生産法人の要件緩和）である。その結果、農協や農業委員会を押しのけて農外企業が6次産業化や農地取得に乗り出し、彼らを主体とした農業の成長産業化が図られる。

農政の2013年と2014年

図0-1の右側は2013年に展開した、「**アベノミクス農政**」あるいは「**ポストTPP農政**」である。「アベノミクス農政」とは、アベノミクス経済成長戦略の一環としての「農業の成長産業化」政策であり、「ポストTPP農政」とは、TPP妥結を見越して、その受け皿づくりのための農政である。「グローバル化農政」といってもいい。

それに対して図の左側は2014年に展開している「岩盤規制の撤廃」を旨とする**狭義の**「**戦後レジームからの脱却農政**」である。

もちろん、図の右側と左側は、何本かの線で結んだように、直結している。とくに両者を結ぶのは、TPPを通じてグローバルに求められる規制緩和と、歴史修正主義から要請される「岩盤規制の撤廃」である。その意味では、ア

第1章　戦後レジームからの脱却農政の構図　　13

ベノミクス農政・ポストTPP農政の帰結として、あるいはそれを実現する手段として「戦後レジームからの脱却農政」が位置づけられる。

　しかしたんに前者の延長・手段として後者があると位置づけることはできない。むしろ後者こそが安倍農政の本質をなす。それは安倍政権そのものをどうみるかに関わるので、次項でその点をみるが、とりあえず、2013～14年の全体を**広義の「戦後レジームからの脱却農政」**と規定したい（以下では「脱却農政」と略す）。

2．安倍政権の性格とその農政

安倍政権の立ち位置

　そもそも安倍政権の政策は一種のジャンブル（ごった煮）である。経済政策をとってもケインジアン的政策（土建国家の復活）、ニューケインジアン的政策（金融緩和）、新自由主義（規制緩和）などが同居している。とくに「右翼の軍国主義者と呼びたければ、呼んでいい」と自認する「保守主義」と新自由主義を盾の両面にしている。しかし保守主義と新自由主義のミックスはサッチャー・レーガン・中曽根以来のことだとすれば、安倍政権を特徴づけるのはたんなる「保守主義」には尽きない右翼的な「歴史修正主義」の点にある[1]。

　ここから出てくるのが「戦後レジームからの脱却」イデオロギーである。「戦後レジーム」とは、日本国憲法の制定をはじめとして戦後民主改革がうみだしたレジーム（戦後体制）であり、一口で言えば「戦争をしない国」の体制

---

(1) 実はもう一つワンマン社長の顔がある。「国家の最優先事項を、株式会社のように『金もうけ』『経済成長』に変えた」。「『文句があるなら、次の選挙で落とせばいい』という物言い」で、「国家運営を、会社経営のような感覚でしている表れだ」（内田樹「国家の根幹　議論なく変更」『北海道新聞』2014年8月18日）。「彼らは一方で、自分たちが『日本の経営』をする経営者のつもりでいます」（『世界』2014年9月号、65ページにおける西谷修の発言）。

である。

　「戦後レジーム」は農業に即して言えば、農地改革が生み出した農地耕作者主義（耕作する者のみが農地の権利を取得できる）、それを担保する農業委員会、地域に根ざした耕作者の共同体としての農業生産法人、加盟脱退が自由な戦後農協などが含まれる。

　これらを一括して「岩盤規制」として撤廃し、日本農業の門戸を外国の農産物や農外資本に開くかたちで「アベノミクス農政」「ポストTPP農政」に結びつけるわけである。

　このような安倍政権の位置を1955年体制下の自民党支配のなかに位置づけてみると（詳しくは第3節）、中選挙区制下では、自民党は各派閥から複数候補を立てることが可能になり、議員は各分野ごとの族議員に分かれて業界利益を追求する「利益誘導政治」と「自民党システム」なるものが成立・支配した[2]。しかしグローバル大競争の時代の到来により、財界は「カネのかかる政治」の負担に耐え切れなくなり、その負担軽減と政権交代可能なシステムを求めるようになった。こうして1990年代に入り政権交代が起こり、小選挙区制が導入された。

　グローバル化のなかで「自民党システム」は崩壊に向かうが、それを、小選挙区制がもたらす官邸優位を最大限に活かしつつ、アメリカ流の新自由主義の導入で切り抜けようとしたのが小泉構造改革である。

　しかしそれは農村をはじめ自民党の伝統的な政治基盤を掘り崩すことになった。その反動から民主党が伸び、ついに2009年には政権交代になった。しかし政党としてのまとまりと統治能力の欠如から再び安倍・自公政権に戻ることになった。このような経緯から、安倍政権はもはや利益誘導型政治への復帰も新自由主義一辺倒への復帰もかなわず、そこで選択されたのが「歴史

（2）拙著『政権交代と農業政策』筑波書房ブックレット、2010年、中北浩爾『自民党政治の変容』NHKブックス、2014年。小選挙区制の決定的な意味についてはF.ローゼンブルース他、徳川家広訳『日本政治の大転換』勁草書房、2012年。

修正主義的保守」の道である。

　「選択」といったが、それは正確ではなく、安倍首相個人のイデオロギーが、右傾化という時代の潮流に合致したということだろう。折からグローバリズムは格差拡大をもたらし、その底辺から排外主義的「右翼」への傾斜が国際的な一つの潮流となり、日本では北東アジアにおけるナショナリズムの高揚と領土問題がそれに掉さした。

　従って安倍政権を小泉流の新自由主義の直輸入を通じて対米従属を強める路線と同一視はできない。安倍は、日米新安保において米軍基地提供と引き換えに日本防衛を明確化させた祖父・岸信介の日米対等化路線を不十分として、集団的自衛権の容認に踏み切った。それは今日の北東アジア情勢において、「アメリカの戦争に日本を引き込む」集団的自衛権よりも「日本の戦争にアメリカを引き込む」性格を強めている。安倍はオバマ大統領による米中接近により日本が見捨てられることを警戒し、米中接近を牽制しようとし、またその歴史修正主義はアメリカからも批判を浴びている。既に米軍と自衛隊が深く一体化している下では夢想に過ぎないが、安倍政権は「対米従属のなかの対米自立」志向という矛盾する傾向をもっており、それが次章のTPP交渉にも現れている。

厳しい現実を踏まえて

　安倍農政は、「戦後レジームからの脱却」政治とアベノミクス成長戦略のハイブリッドである。それはイデオロギーと経済成長政策という「農外からの発想」だが、単純にイデオロギーから演繹されたものではない。同時に農業の厳しい現実を見据えつつ、それを逆手に取っている。

　2014年の農業白書は、1990年＝100として2011年には農業粗生産額は31％、農業所得は48％減少しているとした。その背景として農産物価格の下落と生産資材価格の上昇による交易条件の悪化を挙げている。販売農家等について2003年＝100とすると2010年の農業所得は97％で横ばいだが、農外所得は28％も減少し、農家所得も8.9％減となっている。農家は兼業面でも雇用条件

の悪化や高齢化で苦境に陥っているのである。それに対して安倍農政は、農業の6次産業化・輸出産業化を対置する。

　他方で白書は、農地面積に占める認定農業者（政策の言う「担い手」）への農地の集積は49%、都府県の販売農家で5ha以上への集積は67%、法人経営への集積は6.7%に達しているとしている（耕作放棄地率もじわじわと増え、10.6%に至っている）。このような構造変化を飛躍させるべく、安倍農政は農外企業を農業の担い手にしようとしている。

　とくに食品産業の国内生産額80兆円に対して農業産出額は8兆円にしかなっていないとして、この付加価値を農業・農村に取り戻すことが強調され、農水官僚はこれを錦の御旗にして農協「改革」を迫る。

第2節　戦後レジームからの脱却農政の展開

1．2013年──アベノミクス＝ポストTPP農政の展開

政権交代を貫く「攻め」の農業

　民主党・菅政権は、2010年11月に「農業の再生と開国という基本方針」のもと、TPP参加の方向を打ち出すとともに「食と農林漁業の再生推進本部」を立ちあげた。その「再生推進本部」の合い言葉が「攻めの農業」で、「攻め」とは詰るところ輸出だった。

　実は野に下った自民党も同じく「攻めの農業」をうたっていた。例えば「自民党政策集J-ファイル2010」をみると、国産消費の倍増、海外輸出、「平成の農地改革」で「攻めの農業を実現」とし、"攻めの農業"の新たな展開」では「海外の農地の確保」までうたっている（日本版ランド・ラッシュ）。同時に民主党の戸別所得補償を「バラマキ」と批判し、日本型直接支払や経営所得安定制度を打ち出している。

　政権再交代に際しての自民党の選挙公約「重点政策2013」では、その筆頭に「攻めの農林水産業」を掲げ、ついで多面的機能直接支払、担い手総合支援、「『聖域なき関税撤廃』を前提する限り、TPP交渉参加に反対」、そして

第1章　戦後レジームからの脱却農政の構図　17

最後に「食料自給率及び食料自給力を維持向上」としている。

　自民党が政権に復帰してからの動きは速かった。2013年1月に農水省に「攻めの農林水産業推進本部」が設置され、①需要フロンティアの拡大、②生産から消費までのバリューチェーン構築、③生産現場（担い手、農地）の強化、を通じて「豊かな資源を活用した経済成長と多面的機能の発揮」をめざした。

　そもそも「攻め」はいつ頃から使われ出したのだろうか。実は1970年代半ば、弱冠30代で農相に就任した安倍首相の父、安倍晋太郎が使ったのが「攻めの農政」だ。その後21世紀に入り小泉構造改革の折り、小泉首相は農産物輸出に異常に力を入れ、農水省の10年で1兆円という輸出計画を5年で6,000億円に改めさせた。その頃から「攻め」が頻用されるようになった。

　「攻め」とは、父発、小泉経由、子行きの父子相伝、そして21世紀には端的に自由化のなかでの輸出、そして政権交代の影響なし、である。

農業・農村所得倍増戦略

　自民党は2013年7月の参院選をにらんで「攻めの農業」を検討し、4月25日には、農林水産戦略調査会と農林部会の合同会議に「農業・農村所得倍増目標10カ年戦略」が提起された。

　それはまず「農業・農村ビジョン」で、政策を総動員して10年で農業・農村所得の倍増と自給率・自給力の向上をうたい、「基本政策」では、「食料自給力の理念を導入」「日本型直接支払制度の創設」「担い手利用面積8割計画」そのために「農地の中間的受け皿」「耕作放棄地対策」「農業農村整備事業の推進」「新規就農倍増計画」等を掲げた。

　特徴的なのは、第一に、食料・農業・農村基本法は農政審議会の議を経て5年ごとに基本計画を策定し、農政の基本とすることとしているが、10カ年戦略というのはそれを超えるグランドデザインであり、新基本法・基本計画を無視・軽視した農政がここに始まる。

　第二に、とはいえ食料自給率・食料自給力の向上をトップに掲げている点では新基本法に即しており、その後の自給率無視の展開とはやや異なる。

第三に、「経営規模の大小や主業と兼業の別、年齢による区別なく、地域総参加」をうたい、政権交代前の自民党の選別政策に対する一定の「反省」をしている（後には規模のみに矮小化）。

　第四に、日本型直接支払、農地の中間的受け皿、新規需要米・加工米150万t産計画など、その後の政策がほぼ勢揃いしている。「10カ年戦略」になかったのは生産調整政策の見直しくらいである。

　「10カ年戦略」の最大の目玉は、「10年で農業・農村所得倍増」という「戦略」である。これは首相自ら言うように1960年の池田内閣の国民所得倍増計画にあやかったものである。国民所得倍増計画は、その字面からあたかも国民一人一人の所得を倍増するような幻想をばらまいたが、「10カ年戦略」では農水大臣は農家個人の所得ではなく農業・農村全体のそれであることを確認させられている。また確かな裏付けを欠くことから「計画」は「戦略」に変えられた。以降、「戦略」という軍事用語が氾濫することになる。

　この「戦略」に付されたイメージ図を引用すれば**図1-1**のようである。図の左側が現状、右側が10年後の「見込み」である。

　①現状では農業生産額は10兆円、農業所得（補助金込み）は3兆円、所得率は30％ということになる。6次産業の市場規模は1兆円だが、その農村還元分は金額的には不明である。この不明部分も含めて「農業・農村の所得」となる。ちなみに統計上の2010年の農業総産出額は8.1兆円、生産農業所得（補助金込み）は2.8兆円、所得率は35％で、「戦略」とは微妙に違う。

　②10年後はどうか。農業生産額は12兆円に増える（統計上は1985年以降、長期低落傾向にあるから、その逆転は極めて厳しい）。農業所得の金額は書かれていないが、所得率は変わらないとすれば3.6兆円ということになる（統計上の所得率をとれば4.2兆円）。倍増はおろか20～40％増にすぎない。すると残りは「6次産業化による農村還元分」ということになる。6次産業化の市場規模は10兆円で、なんと現状の10倍増だ。さらに問題は、うち「農村地域への還元分」がどれだけになるかだが、もちろん書かれていない。

　要するに「農業・農村所得倍増」と言いながら、そもそも現状の「農業・

図1-1　農業・農村の所得倍増のイメージ（マクロ）

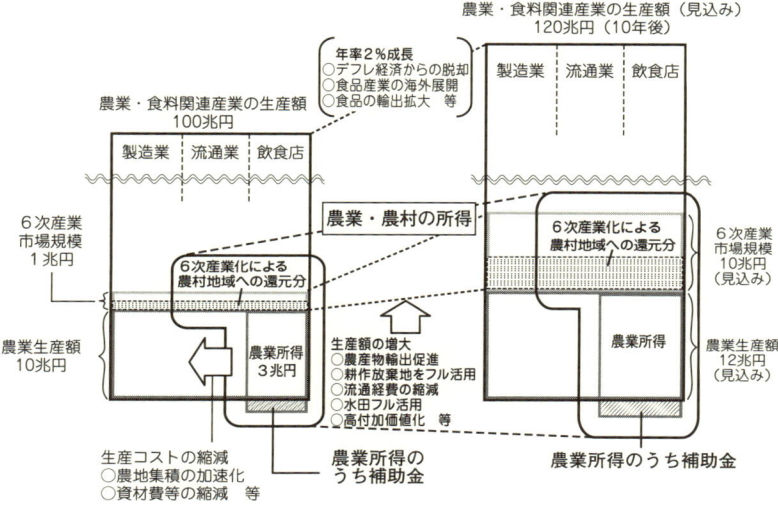

注 1．自民党農林水産戦略調査会・農林部会（2013年4月25日）に提出された「農業・農村所得倍増目標10カ年戦略」の添付資料。

農村所得」がいくらか不明であり、また10年後にいくらに増えるのか分らない。「倍増」という言葉だけが踊っている。

　仮に現状の６次産業化の農村還元分を市場規模１兆円まるまるだとし、かつ市場規模＝所得とすれば、農業・農村所得は現状で４兆円になり、その倍は８兆円ということになる。うち農業所得が４兆円だとすれば、６次産業化の還元分は４兆円である。その所得率は40％になるが、それらはあり得ない高数字である。

　要するに倍増といっても、よほど農業補助金をはずさない限り、農業所得の増大は望めず、倍増があるとすれば、農外企業による６次産業化を通じてであり、それは農業者の所得にはならない。本章では６次産業化の中身については触れないが、アベノミクスの６次産業化とは、農業・農村内発型のそれではなく、もっぱら農外企業に依存したそれである点だけ指摘しておく。

なお「倍増戦略」の策定主体は自民党農林部会であり、当時の部会長は、同戦略は「TPPや関税撤廃を前提としていない。TPPを前提とし、関税撤廃を前提とすれば、この戦略は総崩れだ」[3]としている。肝に銘じておくべきだろう。

日本復興戦略
　この「10カ年戦略」は2013年7月の参院選前の6月に「日本復興戦略」に取り込まれた。「日本復興戦略」では、農業はもっぱらアベノミクスの成長戦略の観点から位置づけられる。
　復興戦略は、ａ.「日本産業再興プラン」、ｂ.「戦略市場創造プラン」、ｃ.「国際展開戦略」の三つからなり、具体的には「民間投資活性化」「グローバルトップ企業の海外展開」「雇用制度改革」「医療関連産業の活性化」「対内直接投資の活性化」等を柱にし、農業・農村は、主にｂの中の「世界を惹きつける地域資源で稼ぐ地域社会の実現」でとりあげられる。その柱は二つ。一つは「世界に冠たる高品質な農林水産物・食品を生み出す豊かな農山漁村社会」、二つは「観光資源等のポテンシャルを活かし、世界の多くの人々を地域に呼び込む社会」である。
　要するにTPPで輸入農産物に押し出された日本の農産物は海外に活路（逃げ場）を求め、農業が空洞化した農村は外国人観光客の呼び込みで稼げ、ということである。
　このような「日本再興戦略」の特徴は、第一に、それぞれの政策が1点突破主義的にかかげられ（その典型としては国家戦略特区）、全体計画を欠いている。いわば「計画なき戦略」である[4]。戦後日本資本主義は良かれ悪しかれ要所要所で長期経済計画を策定してきた。諸困難を抱える今日の日本

（3）小里泰弘『農業・農村所得倍増戦略　TPPを超えて』創英社、2013年、115ページ。
（4）友寄秀隆『アベノミクスと日本資本主義』新日本出版社、2014年。

経済にとってもマクロ整合的な経済計画の樹立は必須であるが、グローバル化は一国完結的再生産構造を前提とした経済計画の樹立を困難にし、何よりも市場を第一義とする新自由主義にとって国の「計画」は最も忌避すべきものだった。そこで一点突破主義的政策が羅列されることになる。

第二に、「民間投資」を軸にした経済成長（技術革新投資を軸にした第一次高度経済成長の復活）であり、海外直接投資（made by Japan）とその空洞を埋める外資の対内直接投資をクロスさせるグローバル化対応である。そこでは国内のものづくり経済もさることながら、貿易・金融・対外投資に力点がおかれる。TPPはその象徴である。

第三に、以上の鍵を握るのは規制緩和・撤廃である。経済計画などは要らない。規制さえ撤廃すれば、後は市場メカニズムと民間資本（多国籍企業）がよろしくやる、政策はそれを1点突破主義的に後押しする[5]、というのが「戦略」の基本思想である。そこから首相自らの「世界で一番企業が活動しやすい国」（2013年2月施設方針演説）、「岩盤規制の撤廃」「既得権益の岩盤を打ち破る、ドリルの刃になる」という発言がでてくる。そして岩盤規制の分野としてやり玉にあがるのが雇用、医療、農業である[6]。

農林水産業・地域の活力創造プラン

以上を農業分野について集大成したのが2013年12月の「農林水産業・地域の活力創造プラン」になる。その概要を引用したのが図1-2である。

第一に、左端では農水省と産業競争力会議・規制改革会議が本部を支える

（5）だから完全な市場依存の新自由主義ではない。先端産業を中心とする特定産業・企業に介入する経産省ターゲティング派をバックにした「新ターゲティング・ポリシーの大胆な遂行」（衆院選公約）である。朝日新聞経済部『限界にっぽん』岩波書店、2014年、207ページ。
（6）アベノミクスをパワーアップしたとするリーフレットが『やわらか成長戦略〜アベノミクスをもっと身近に』（2014年6月、内閣府）である。「やわらか」というのはブラック・ジョークだろうか。

図1-2　農林水産業・地域活力創造プランの概要

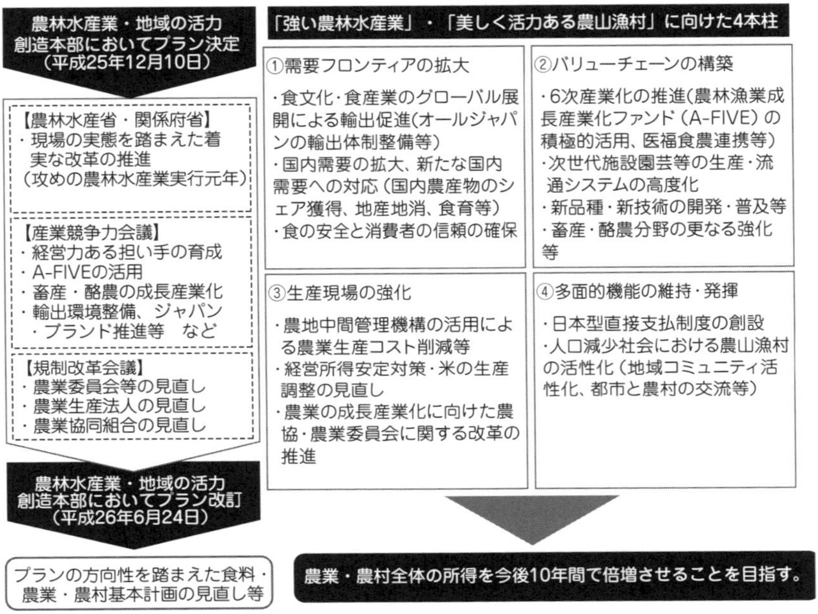

```
農林水産業・地域の活力        「強い農林水産業」・「美しく活力ある農山漁村」に向けた4本柱
創造本部においてプラン決定
  （平成25年12月10日）      ┌──────────────────┬──────────────────┐
                            │①需要フロンティアの拡大      │②バリューチェーンの構築      │
┌─────────────────┐        │・食文化・食産業のグローバル展 │・6次産業化の推進（農林漁業成 │
│【農林水産省・関係府省】│        │ 開による輸出促進（オールジャパ│ 長産業化ファンド（A-FIVE）の │
│・現場の実態を踏まえた着│        │ ンの輸出体制整備等）         │ 積極的活用、医福食農連携等） │
│ 実な改革の推進        │        │・国内需要の拡大、新たな国内  │・次世代施設園芸等の生産・流 │
│ （攻めの農林水産業実行元│        │ 需要への対応（国内農産物のシ │ 通システムの高度化           │
│ 年）                  │        │ ェア獲得、地産地消、食育等） │・新品種・新技術の開発・普及等│
│                      │        │・食の安全と消費者の信頼の確保│・畜産・酪農分野の更なる強化 │
│【産業競争力会議】      │        │                            │ 等                         │
│・経営力ある担い手の育成│        ├──────────────────┼──────────────────┤
│・A-FIVEの活用         │        │③生産現場の強化             │④多面的機能の維持・発揮      │
│・畜産・酪農の成長産業化│        │・農地中間管理機構の活用によ │・日本型直接支払制度の創設   │
│・輸出環境整備、ジャパン│        │ る農業生産コスト削減等      │・人口減少社会における農山漁村│
│ ・ブランド推進等　など │        │・経営所得安定対策・米の生産 │ の活性化（地域コミュニティ活│
│                      │        │ 調整等                     │ 性化、都市と農村の交流等） │
│【規制改革会議】        │        │・農業の成長産業化に向けた農 │                            │
│・農業委員会等の見直し  │        │ 協・農業委員会に関する改革の│                            │
│・農業生産法人の見直し  │        │ 推進                        │                            │
│・農業協同組合の見直し  │        │                            │                            │
└─────────────────┘        └──────────────────┴──────────────────┘

農林水産業・地域の活力
創造本部においてプラン改訂
　（平成26年6月24日）

プランの方向性を踏まえた食料・     農業・農村全体の所得を今後10年間で倍増させることを目指す。
農業・農村基本計画の見直し等
```

注1．農水省『攻めの農林水産業［第2版］』（2014年8月）による。

ものとして同等に並んでいる。第二に、「強い農林水産業」と変えつつも「攻めの農業」のDNAが生きている。第三に、「需要→バリューチェーン→生産現場→多面的機能」という年初の農水省「攻めの農林水産業推進本部」の戦略方向が生きている。第四に、本文の「基本的考え方」の最後には「食料自給率・自給力の維持向上」が付け足されているが、この図では左下の「基本計画の見直し」にゆだねられ、代わりに農業・農村所得倍増がゴールになっている。「倍増」の実態は前項にみたとおりである。

　「活力創造プラン」の本文そのものは、これまでの集大成であり、新たな要素を盛り込んだものではない。とはいえ「制度設計の全体像」で、米の直接支払交付金の削減と5年後廃止、それに代る日本型直接支払制度の創設と

その金額、水田フル活用等とともに、「米政策の見直し」で、生産調整政策（行政による生産数量目標の配分）の５年後廃止を打ち出している。

これまでの「戦略」等と同様に、「プラン」が固く口を閉ざしたことがある。それはほかでもないTPPとの関連である。「プラン」はTPPで農産５品目の「聖域」が守られることを大前提としている。というよりも、暗黙のうちにTPPの妥結・妥協を見越して、その前に「政策改革のグランドデザイン」を描いてしまう。そしてTPPで何があろうとも、この「プラン」でいく、という決意表明と言える。「TPP対策なきTPP対応」である。これは無謀な太平洋戦争に突入していったかつての日本の姿にどこか似ている。そして犠牲になるのは農業者であり、国民である。

２．2014年──戦後レジームからの脱却農政（規制改革会議答申）

規制改革会議答申

規制改革会議は2014年５月14日にワーキンググループの「農業改革に関する意見」（以下「**原案**」）をとりまとめ、22日には親委員会に報告・了承され、自民党、与党の検討を経て６月10日には与党の「農協・農業委員会等に関する改革の推進について」（以下「**自民案**」）が取りまとめられ、基本的にはそれに基づいて2014年６月13日に規制改革会議第二次答申（以下「**答申**」）となった。答申は６月下旬の政府の「規制改革実施計画」や「農林水産業・地域の活力創造プラン」の改訂にとり入れられ、さらに2015年の通常国会に関連法案が提出される予定である。

表0-1に原案と答申の違いも含めて全体像を示しておいた。原案と答申の関係は、最近の政策決定プロセスを象徴する。まず原案について農業WG座長・金丸恭文（フューチャーアーキテクト会長）は「高めのタマを投げかけた」としていた[7]。本命よりも「高めのタマ」を投げることで、自民党に微調

（7）安藤毅「農協改革、"急展開"のワケ」『日経ビジネスオンライン』2014年３月21日。

整の余地を残す。結果としてストライクゾーンにいれる。2013年の農地中間管理機構法についても使われた手である。

メディアは答申に対して「農協改革腰砕け」(朝日6月11日)、「『岩盤規制』見直し　道半ば」(読売6月14日)と評したが、首相は「岩盤規制に大胆に踏み込んだ」「ゼロベースで考え直す」「改革が単なる看板の掛け替えに終わるものでは決してない」とトーン高く受けとめ、農相(当時)も「現在の(農協)中央会制度とはかなり違うものになる」としている。規制改革会議の議長・岡素之氏(住友商事相談役)は「骨抜きなんてなっていない」、「規制改革の案はほぼ受け入れていただいた」、金丸氏も「改革案はほぼ受け入れていただいた」としている。

答申のタイミング

規制改革会議は2013年11月27日に「今後の農業改革の方向について」をまとめたが、政府の「農林水産業・地域の活力創造プラン」(2013年12月10日)では、これに基づいて議論を進化させて2014年6月に結論を得るとした。その意味では、今回の答申はその既定のスケジュールに沿ったもので、タイミングをとやかく言うようなものではない。しかし、原案は「今回の農業改革は農業政策上の大転換をするラストチャンス」と位置付けている。そこでなぜ「ラストチャンス」あるいは「ベストチャンス」なのかが問われる。

他方で、例えば生産調整政策の廃止は、2002年の「米政策改革」ですでに打ち出されていた。また農水省関係者は、今回の農協「改革」は2003年の「農協のあり方研究会」で打ち出されていたものだとしている。逆に言えば提起から10年も実現できなかったものが、ここにきて急展開するのはなぜか、が問われる。

第一は、安倍政権の登場である(次節)。1994年に始まった小選挙区制は小選挙区の候補者を決める総裁の力を圧倒的にする仕組みだが、小泉首相を除きその威力を十分に発揮するには至らなかった。それが衆議院選挙で圧倒的多数を占め、自ら「右翼の軍国主義者」と呼ばれてもかまわないとうそぶ

く確固たる(独善的な)イデオロギーを持つ首相が登場したことにより、いよいよ本領を発揮することになった。しかも制度日程としてはここしばらくは国政選挙がないから、荒療治が可能である。とはいえ議員は党自らの解散総選挙がありうることを気にするから、懸案はなるべく早く片付けた方がいい。

　第二は、同じくこの選挙でいわゆる農林族の大物がそろって討死した。こうして「農業改革」に対する「抵抗勢力」が消え、今や官邸が農業政策を主導し(農林関係の役員も一新)、それに大ナタを振るうことができるようになった。これまで農業団体は圧力団体として自民党農林族を通じて政治・政策に影響を及ぼしつつ、支配体制の一角に食い込んでいた。その頼みの綱の農林族が消滅してしまい、農業団体が支配体制にすがって保身を図る構造は崩壊した。

　第三に、TPP交渉との関連である。TPPは2014年のオバマ来日で、関税率引き下げ、何年かけて引き下げる、緊急輸入制限措置の発動条件の三つの「方程式」の組合わせで交渉するところまでは詰めた。重要品目について関税引き下げを認めたわけで、その意味で最終局面に入っており、後は数字を詰めるだけである(第2章1節)。

　そのような合意成立に備え、TPP反対運動をしてきた農協や農業委員会に「組織がどうなってもいいのか」と脅しをかけて、TPPに反対するか、それとも組織存続を選ぶかの選択を迫る。

　既に2013年3月のTPP参加決断時に、安倍首相は「全中はTPP反対を唱える共産党や社民党と組むつもりだろうか」と述べ、全中の牽制にかかっていた(『フォーサイト』2014年7月7日、田中直毅)。既にこの頃から首相にとって全中は邪魔者になっていた。その意味では「戦後レジームからの脱却農政」は2013年の早い時期に既に全体構図が描かれていたものと言える。

財界・官邸・農水省・マスコミ

　以上はもっぱら安倍政権を軸に見てきたが、それだけでは、今回の「改革」

の配役を見失う。

　安倍首相・官邸の役割は、「改革」をイデオロギー的に推し進めるテコ（首相の言葉では「ドリルの刃」）である。

　それに対して財界の直接の獲得目標は、時間のかかる農協「改革」よりも（それは官邸や農水省に任せて）「一般企業の農地所有の実現」（経済成長フォーラム『「企業の農業参入促進」のための提言』2014年6月20日）である[8]。

　では実際の詳細シナリオを書いたのは誰か。それは次節で述べる農水省新自由主義官僚である。そのことは、彼ら自らが今回の「改革」は2000年代初めに打ち出されていたものだとしていることからも明らかである。日経が規制改革会議の原案と思われるものを2014年4月9日付けですっぱ抜いたが、規制改革会議の金子・農業WG長は「農林水産省幹部や自民の農林族幹部らと調整を重ねており」[9]としている。規制改革会議のメンバーにはこれだけの現場感覚はなく、農業団体の弱点と法の問題点を知り尽くした者の入れ知恵が必要である[10]。

　かくして財界や農水省新自由主義官僚は、自らの野望を官邸の権力を使ってこの時とばかり遂げようとする。

　それにマスコミの応援キャンペーンが加勢して農業団体と国民の間を割こうとする。先の日経リークの衝撃も小さくなかったが、以下ではその他のマスコミの動きに触れたい。

（8）同フォーラムは太田弘子を座長とし、金丸恭文、新浪剛史、八田達夫といった規制改革会議、産業競争力会議、国家戦略特区会議の主要メンバー、本間正義、山下一仁等が名を連ねている。それは短期的政策（1～2年以内に実現すべき政策）のトップに「農業生産法人の構成員資格の撤廃」、中期的政策（5年以内に実現すべき政策）のラストに「一般企業の農地所有の実現」を掲げている。
（9）安藤毅・前掲論文。
（10）農水省幹部は財界と一緒になって農業団体潰しにかかっているが、次に潰されるのは自分だとは思わないのだろうか。

農協問題の表面化は2013年7月、山形の農協に公取が調査に入ったことである。これは表面的には参院選での非自民党候補支持に対する報復だが、深部は農協潰しの伏線である。

　これらの新聞報道に続けて、朝日新聞地方版や地方紙が2013年10月にA県農協が不祥事処分を公表しなかったことを批判した。朝日は全国紙でも農協に関する情報を流している[11]。この間、一般紙でTPPや「農業改革」の報道に最も力を入れてきたのは読売だが、2014年6月1日社説では「全中の指導体制温存を許すな」とした。

　日経は、山形の問題について「農家のための農協という原点を忘れるな」と題して「公取委は山形県外でも同じような動きがないか、徹底的に調査してもらいたい」（2013年8月8日社説）とした。

　このように農業団体を国民から切り離して「諸悪の根源」に仕立て上げるにはマスコミの力が大きい。

答申の特徴

　第一は、「上から」「外から」目線である。答申はもっぱら農業のため、農協のための「農業改革」を強調している。規制改革会議は答申に向けていろいろヒアリングしたとしている。しかし議事録を見ても、このような答申につながる素材や「農業改革」の要望は全く見当たらない。ヒアリングで何を聞いても「聞く耳持たず」で、自分たち財界人と新自由主義者の観念を一方的に答申に盛り込んでいる。

　第二は、第6、7章で詳述するが、協同組合、行政委員会の否定である。とくに協同組合については、経済成長（農業の成長産業化）を追求していくには、市場経済における最も効率的な企業形態である株式会社にとって替え

---

[11] 3月26日からは「けいざい深話」で、米を直接販売する越前たけふ農協を4回にわたりとりあげ、6月8日から「農を拓く」で「新農協」等の2か月にわたる連載を始めた。

られるべきという新自由主義の思想が貫かれている。そして新基本法農政の基本目標である食料自給率の向上との関連には一切触れない。「自給率より成長、そのための規制緩和」である。

　第三は、同じく第6、7章で触れる分断作戦である。農業委員会、農業生産法人、農協の「3点セット」を網羅的に俎上に載せた全論点展開のうえで、「この点は見逃すから、これは飲め」式の駆け引きを強める。とくに自民党案は農協にマイルド、農業委員会系統にシビアだった。表0-1をみても農業委員会・農業生産法人については次期国会で決着させるが、農協については若干の猶予を与えている。端的になお残る集票力の差であり、先に見た財界意向（一般企業の農地所有権取得）への配慮だろう。いずれにせよこうして農協、農委の系統間を分断する。農協系統については全国連の間、単協と連合会・中央会の間を分断し、何よりも農業団体を国民から孤立させる。

第3節　政策決定過程の変化

　安倍首相がそのイデオロギーを国政の場で追及するにあたっては、政策決定過程の決定的な変化があった。本節ではその変化を、1．1955年体制あるいは自民党システム時代、2．政権交代（小選挙区制）開始期（1993年～）、3．小泉「構造改革」期、4．「構造改革」反動期、5．民主党政権、6．安倍政権という節目に即してみていく。達観すれば、2は1の延長、3は1の掘り崩し期、5が過渡期、6が1の決定的解体期に当たる。1は意外にしぶとく残存したともいえる。それは民意反映度という意味で必ずしも否定的言辞ではない。

1．1955年体制・自民党システム期

　自民党システムとは、①冷戦体制下で日米安保体制を堅持し、軍事をアメリカに依存し、基地を沖縄に集中させ、本土だけが経済成長にいそしむ。②経済成長の果実を周辺部に均霑する分配システムにより政治的支持を調達す

る。③議員個人後援会を津々浦々まで張り巡らす「草の根保守主義」を通じて②を個別具体化する。④政策立案は官僚に丸投げして、法案・予算・利益配分を政調会の関係部会、政調審議会、総務会の順で厳しくチェックすることで、族議員を生みつつ、政財官癒着システムをつくりあげる、とまとめられる[12]。

　農水官僚として渦中にいた佐竹五六は、1955年体制を、①自民党の万年与党化、政策決定過程における官僚の地位低下、族議員の誕生と地位向上、②族議員による分野ごとの行財政制度の運用ノウハウの習得、③経済成長の成果配分と社会的フリクションの調整への移行、④政財官による密室での政策決定、とし、それが完全に機能するようになったのは1960年代後半とみる[13]。

　これは族議員を重く見る見解で、氏の体験に基づくものだろうが、自民党システムを「政府・与党二元体制」としたうえで、「議会を背景とする議院内閣制に対して、官僚からなる省庁の代理人が集まる『官僚内閣制』」であるとする見解もある[14]。

　族議員か官僚か分れるところだが、根幹的な制度・政策決定のイニシアティブを握り、一貫性の高い、それなりに自律的な農政を展開してきたのは農水省官僚（審議会委員等としての農水省OBを含む）ではなかったか。農業基本法の制定、政府米価における生産費・所得補償方式、農地管理事業団構想、農用地利用増進事業等がその例証としてあげられる[15]。先の佐竹も「将来にわたる観念的な政策課題について与党がイニシアティブをとることは、筆者の経験ではまずなかった」としている。

　これらの根幹政策は高度成長下の所得再配分システムに絡み、その意味で

---

[12] 拙著『政権交代と農業政策』（前掲）、野中尚人『自民党政治の終わり』ちくま新書、2008年、武田晴人『高度成長』岩波新書、2008年。
[13] 佐竹五六『体験的官僚論――55年体制を内側からみつめて――』有斐閣、1998年。
[14] 飯尾潤『日本の統治構造　官僚内閣制から議院内閣制へ』中公新書、2007年。
[15] 東畑四郎『昭和農政談』家の光協会、1980年。

は国の大きな成長政策の一環であるが、その制度の下での具体的な利益配分をめぐっては族議員が決定権をもつ。「政治米価」の決定過程（ベトコン議員）、次いで補助金制度の形成・獲得（総合農政派）にそれは鮮明である。

2．政権交代開始期

　自民党システムの原型は閉鎖体系の内側での利益配分システムだった。それがグローバル化とともに綻びるのは当然であり、冷戦体制が崩壊し、世界が市場経済に一元化した1990年代から日本でも政権交代期が始まり、94年に小選挙区制が始まる。

　1993年の政権交代前の首相は宮沢喜一だった。それまでの首相は田中角栄のような例外を除き、「東大―官僚トップ―議員」コース、すなわち官僚政治家が主流だったが、以後、日本の首相のほとんどは私学・非官僚出身になる。これは一つの象徴的な現象である。

　それまでの中選挙区制では自民党は同一選挙区に複数の候補を立てることが可能であり、派閥に属して特定利害を追求する族議員の存在を支えた。しかし小選挙区制下では、候補者を絞り込む首相・官邸の力が強まり、議員も特定利害を代表するのではなく地域から万遍なく集票する必要性が生じる。そして何よりも高度成長の終焉は利益の配分源そのものを減らした。

　日本はこの転換期にガット・ウルグアイラウンド（UR）に遭遇した。しかし政策決定パターンは前期の官僚主導を踏襲していた。1992年、農水省は「新しい食料・農業・農村政策の方向」を打ち出した。その後の全農政の展開を規定した決定的な文書だが、審議会等の議を経ることもなく農水省がストレートに発表した（2013年暮の「農林水産業・地域の活力創造プラン」と決定的に異なる。農政審を通さないのは同じだが）。

　UR交渉にあたった塩飽二郎の回顧では、当時、農水次官は細川首相私邸に日参しており、首相もURは自分が決断したと述べているが（『内訴録』）、「コメ開放の決定はそのようなものだったと言えるのでしょうか」としている。氏は政権交代前までは「自民党農林部会の最高幹部には説明してやってきま

した」。しかし「新政権に説明するかというと……」と8党連立政権の難しさを指摘しつつ、「細川さんにも詳しい内容は説明していない」としている。閣僚は間断なく交代するので、「日本はすべて官僚に依存せざるをえない」とも語っている[16]。

　つまり政権交代期に入っても政策決定に大きな変化はなかった。しかし産業政策レベルでは70年代から80年代に審議会・私的諮問機関・研究会でのコンセンサス形成の手法がとられるようになり、政権交代期には弱体の官邸のイニシアティブを強化するためにそれが多用されるようになり、財界代表や新自由主義的論者が取り込まれていった。そのメインテーマはグローバル化対応としての規制緩和（平岩研究会、規制改革会議）と地方分権（地方分権推進委員会）だった。

3．小泉「構造改革」期

　諮問委員会方式の典型が小泉「構造改革」期といえる。ようやく小選挙区制の威力とそれに基づく官邸主導が形を取り出した。小泉はそもそも「自民党をぶっ潰す」、すなわちグローバル化以前の自民党システム、なかんずく経世会流の利益配分システム、その象徴としての族議員を「退治」することに力を注ぎ、日本列島の新自由主義的改造（田中角栄の「日本列島改造」のアンチ）を図った。彼は、その登場の前年に中央省庁再編で設けられた、ヨーロッパ流の「内閣の機能をシステムとして強化するために（導入された）内閣委員会制度」[17]に擬せられる経済財政諮問会議をフルに活用して、国会を飛び越えて国の最高意思決定を方向づけさせた。

　この時から農林族vs.官邸・財界の小競り合いが始まる。かつては農林族と官僚はスクラムを組んでいたが、1999年のWTOにおける米の関税化移行と新基本法制定と前後して、官僚も「国士」型から「新自由主義」型へのシ

---

(16)「塩飽二郎元農水審議官に聞く①〜⑤」『金融財政ビジネス』2011年8月22日
　　号〜10月20日号。
(17) 野中、前掲書、193ページ。

フトが生じる。

　農政における象徴は2002年「米政策改革大綱」に至るプロセスであろう。2001年9月、農水省は生産調整の米生産数量配分への転換、稲作経営安定対策からの副業的農家外しをもりこんだ「米政策の総合的・抜本的見直し」を発表し、自民党「米政策の見直し」の決定を経て生産調整研究会が設けられ、生産調整政策の廃止と選別政策が打ち出された。農水省とともに財務省が生産調整廃止を強く求め、農協と農林族が反発したが、結果は農協系統の農政への影響力の喪失を印象づけた（第3章2節）。

　研究会座長だった生源寺眞一は後に著書で「いわゆる小泉改革の乱暴な手法」に対して「改革農政が小泉改革と重なるところはほとんどない」としている[18]。政策の公共性を重んじる主観としてはそうかも知れないが、大状況のなかに置いてみれば、生産調整研究会から「米政策改革大綱」に至る過程は政策決定プロセスの鮮やかな転換を示した。

4．「構造改革」反動期

　しかし「米政策改革」による生産調整の弛緩は米価下落をもたらし、その選別政策とも相まって農村の反発を買うようになる。また小泉「構造改革」は企業には「いざなぎ越え景気」をもたらしたが、賃金引下げは消費不況をもたらし、階層間・地域間格差が強まり、その後の首相の資質低下も重なって、自民党農政を批判する民主党の力を強めた。

　小泉「構造改革」の毒にやっと気づいた自民党は、本来の党をとりもどそうと、生産調整政策の強化と選別政策の換骨奪胎を図る。それは農林族の復権であり、財政支出の大盤振る舞いだったが、時は既に遅かった。農水大臣は失態、自殺、不祥事等でめまぐるしく変った。麻生政権の石破農相は、2009年の政権交代の直前に生産調整の選択制を打ち出して（「米政策改革」

---

(18) 生源寺眞一『農業再建　真価問われる日本の農政』岩波書店、2008年、274ページ。

の継承)、加藤紘一、谷津義男等の農林族と激しく対立した(第3章2節)。

5．民主党農政期

　自民党システムの自壊をにらみつつ、民主党・小沢代表は、2006年の著書『小沢主義』で選別政策を「現場の姿を知らない役人の『作文』」と切り捨て、市場価格が生産費を下回る分を補てんする「不足払い」を自由経済を損なわないものとして提唱した。これがコメ戸別所得補償制度に行き着くことになる。小沢の農政論は、市場介入論ではないという意味で新自由主義を本質としており、その制度設計は政策論と言うよりはアンチ自民党の政局論だった。ではあるが、政党が政策(マニフェスト)を掲げて政権を争う姿勢は政権交代時代にふさわしい「政党政策の時代」の到来を告げるものだった。

　民主党は自民党システムに代る民主党システムをつくりあげ、政策決定プロセスを根本的に変えようとした。すなわち「鳩山政権の政権構想」の「五原則・五策」では、五原則として①「官僚丸投げの政治から、政権党が責任をもつ政治家主導の政治へ」、②「政府と与党を使い分ける二元体制から、内閣の下の政策決定へ一元化」、③各省の縦割りの省益から、官邸主導型の国益へ、等が掲げられ、五策では①政府に大臣、副大臣、政務官、大臣補佐官など国会議員100人を配置、②各大臣からなる「閣僚委員会」を作り、事務次官会議を廃止し、意思決定は政治家が行う、③官邸機能を強化し、総理直属の「国家戦略局」を設置、④官僚の幹部人事は政治主導で行う幹部人事制度、⑤天下り等の禁止、「行政刷新会議」の設置、である。

　五原則の①の「政治」は正確には「政策決定」だろう。1996年結党以来、自民党のそれを反面教師として「政策」を練り、政策で勝ち抜こうとする姿勢は政権交代時代の政治として高く評価される。その成功例が、米戸別所得補償制度だった。それは「コメを作らないことに補助する減反は廃止し、米価維持政策も取らない」[19]が、米生産目標数量を守った農家に米戸別所得

---

(19) 筒井信隆「農業政策」『日経ビジネス　徹底予測　民主党』2009年9月19日号。

補償を行う選択的生産調整政策でもあり、階層選別政策を採らない一点で自民党と異なった。しかしそれも後に菅内閣がTPP参加を打ち出す際の「農業再生プラン」で、平場20～30haの担い手経営像を打ち出すことで自己否定した。

　また政務三役が官僚を排除して行う政策決定は早晩行き詰まることになり、党に残された議員とは断絶を生み、めざしたはずの民意のくみ上げルートを失う。中山間地域直接支払の過半を農家に配分するよう修正を命じ、農水省によって事実上無視された点などは、政務三役の独走を象徴するものだった。

　五原則の②の内閣一元化については、政治主導確立法案、国家戦略局の設置は成立をみないまま鳩山内閣は総辞職し、2011年に登場した野田内閣は内閣への政策決定の一元化を断念し、政策について閣議決定前に政調会長の了承、政府・民主党三役会議の決定を経る自民党流の「事前審査制」に戻ることになった[20]。

　国家戦略局ならぬ国家戦略室が唯一打ち出したのが「新成長戦略」「日本再生戦略」だが、それに基づくTPP参加は、消費税増税と相まって、戸別所得補償で勝ち得た農村部の支持を急速に失わせ、政権再交代となった。

6．安倍政権──戦後レジームからの脱却農政

　安倍政権の政策決定の手法は３期の小泉「構造改革」を継承しているが（ただし経済財政諮問会議に代る産業競争力会議、規制改革会議、国家戦略特区WG）、財政出動、公共事業依存は４期の復活である。そして成長戦略は５期の民主党政権を受け継いでいる。その柱の一つにTPPを掲げることも同様である。ただし、安倍政権のTPPは「集団的自衛権付きTPP」という点で民主党のそれと異なる。そして前述のように、集団的自衛権は日本がアメリカ

---

[20] 竹中治堅「民主党政権と日本の議院内閣制」飯尾潤編『政権交代と政党政治』中央公論新社、2013年、163ページ、なお同書の飯尾潤「政権交代と『与党』問題」も参照。

の戦争に参戦するためのそれよりも、日中対立にアメリカを引き込むためのそれである点で、長期の米中覇権国家争いに備えて今は中国と事を起したくないアメリカの意向に反する。その歴史修正主義は中韓のみならず、米・欧・ロの批判を招いている。このように安倍首相および安倍政権の性格は新自由主義や日米同盟強化、対米従属だけで割り切れないことは前述した。

　その政策決定過程については、2014年のそれは規制改革会議答申との関連で既にみたので、ここでは2013年における3つの政策の経緯から推測する。

①TPP

　2013年2月22日、日米首脳共同声明（工業製品、農産品のセンシティビティ）、3月15日、安倍首相、交渉参加を表明、4月12日、日米合意（内容は次章）、7月23日、マレーシア会合で交渉参加、10月8日、インドネシア会議にオバマ欠席、自民党の西川TPP対策委員長重要5品目の関税の洗い直し、11月10日、交渉の越年決定。

②生産調整政策の廃止

　2013年9月30日、経済同友会「日本農業の再生に向けた8つの提言」の6に「コメ生産調整の段階的廃止」を盛り込み、10月24日、委員長・新浪剛史がそれを産業競争力会議に持ち込み、10月31日、自民党農林部会に農水省案、12月10日、安倍内閣の「農林水産業・地域の活力創造プラン」に取り込み。

③農地中間管理事業（機構）

　2013年2月の産業競争力会議に農水省「『攻めの農林水産業』の展開」で「中間的受け皿組織」提起、4月23日、産業競争力会議における林農相のプレゼンで「農地中間管理機構」、5月17日、安倍首相「成長戦略第二弾」で「農地集積バンク」発言、5月28日、国家戦略特区WG集中ヒアリング、5月30日、規制改革会議、農水省ヒアリング、8月21日、自民党農林部会説明、8月22日、規制改革会議「機構の検討状況」、9月19日、規制改革会議、「意見」集

約、9月20日、産業競争力会議農業分科会（新浪剛史）「機構について」、10月3日、自民党農林部会「制度の骨格」、11月、法案、修正案、付帯決議、成立。

　それぞれの詳細は次章以下に譲り、政策決定に係る点のみを整理する。①はそもそも首相決断で始まり、交渉もTPP担当相を指令塔におき内閣官房に権限集中した。官僚と農林族が仕切ったUR時とは決定的に違う。TPP妥結を先取りした「ポストTPP農政」の始発でもある。②をめぐっては経済同友会が口火を切り、自民党農林部会は無抵抗だった。農林族はいなかった。自民党農林関係組織の要職は、農林部会長に旧通産官僚出身を据えるなど既に首相人事で固められていた。
　ややもつれたケースが③で、規制改革会議、産業競争力会議の強烈な介入があり、自民党農林部会を経て法案設立したが、超党派（「みんな」を除く）で修正案、15項目に及ぶ付帯決議がなされ、そこでは「アドバイザリーグループである産業競争力会議、規制改革会議の意見については参考とするにとどめ」とまで書かれた。
　以上をまとめると、次の通りである。
　第一に、農政についても政策決定が首相、官房長、自民党幹事長に移った。
　第二に、政府機関としての産業競争力会議、規制改革会議が内閣を補佐して財界と官邸を結び、政策形成に決定的に影響した。
　第三に、農水省はそういう内閣の一員として押し込められ、政策のたたき台の作成、細部設計の下請けに転じた。しかし新自由主義官僚としては極めて有能な部下の役割を果たす。「農林水産業・地域の活力創造プラン」は「農政改革のグランドデザイン」として、新基本法に基づく基本計画のさらなる上位計画にのしあがり、農政審はせいぜい食料自給率の検討や「農業構造の姿」を描く立場に押し込められた。
　第四に、自民党農林部会は制度設計面では発言しなくなり、予算の少額積み上げ役に回った。その象徴が2013年11月25日の自民党農林部会等の合同会

議で、14時からの会合には農水省から、多面的機能支払の水田10 a 2,700円、飼料米上限値の10 a 10万円の提案があったが、紛糾し、19時30分の再開時には多面的機能支払の300円、飼料米の5,000円アップになった。農政の主役からベースアップ要求の労組役員役への後退である（第4章1節）。

第五に、官邸・財界主導に対して国会が超党派的に一定の歯止め役を果した。しかしそれは族議員としての行動ではなく、自民党単独でもない。

1にみた1955年体制・自民党システムは農林族の死滅とそれに連なる農水官僚の押さえ込みをもってやっと幕を閉じた。

まとめ

佐竹は「国士型官僚」と「リアリスト官僚」を分けた。それに「新自由主義官僚」を加えたい[21]。新自由主義は政策介入を嫌うのが本性なので、それは自己矛盾的な存在だが、そもそも新自由主義そのものが、国家の市場介入を排除するために国家権力をもちいる自己矛盾的な存在である。

国士型官僚とは、天下国家を憂えるとともに、石黒忠篤以来の「調査に基づいて施策の方向を決める」作法の持ち主である[22]。しかるに今日の政策決定メカニズムの行き着いたところは、その真逆の財界利益・経済成長・国家安全保障という「上から」目線、官邸からのトップダウン方式である。

官邸トップダウン方式は小選挙区制・政権交代時代の産物でもあるが、それは得てしてアンチを突きつけ合う政局農政に陥りやすい。戸別所得補償政策の転変はその典型であり、農村は「政権リスク」に怯えることになる。

大切なのは、第一は政権交代期に政局農政に陥らないための政策「作法」の習得である。基幹政策にブレがないようしたい。第二は、ポリシーメーキングに農村の現実が反映されるルートの確保である。今は個々の議員が地元

---

(21) その心象風景を語る事例として、髙木勇樹「時代の証言者　日本の農政」、読売新聞2014年2月15日〜3月20日。
(22) 佐竹、前掲書、42ページ。

情報をもちよる形だが、それは族議員の地方個別化でしかない。しかも小選挙区制下の官邸権力の決定的な強まりは、彼等の生殺与奪を握り、徹底抗戦は期待できない。

　農地中間管理機構の経緯は一つの新たな動きだが、農水省が財界の動きに完全には同調せず、法案が国会に上程されたからこそできたことである。次期通常国会には農協、農業委員会、農業生産法人等の基本的改変に係る法案が提出される。しかし農水省は規制緩和策の積極的な推進主体になっており、その点でも機構法の再現にはならない。政策決定過程の変化が定まるのか、2015年春からの通常国会にむけて正念場である。

第**2**章

TPP交渉とグローバリゼーション

はじめに

　前章では「戦後レジームからの脱却農政」の主役を官邸と目してきたが、それは表の顔で、陰の主役はTPPである。グローバルにみればそちらが真の主役である。TPPについてはその節々に論じてきたので、個々の論点はそちらに譲り(1)、本章では次の二点に重点を置く。

　第1節では、日米の世界戦略のなかにTPPを位置づけ、TPP交渉と脱却農政の関連を捉え、交渉の行方を探る。

　第2節では、TPPを「ポスト冷戦グローバリゼーション」の具現として捉え、その本質を探る。そのことにより脱却農政の客観的位置もより明確になろう。

第1節　TPP交渉を振り返る

1．TPP交渉の経過と到達点

　日本は2013年2月の日米首脳会談を経て、同年3月には交渉参加を決断し、7月から交渉に参加した。他のメンバー国と異なるのは、2月の日米交渉で

（1）拙稿「TPP批判の政治経済学」『TPP反対の大義』農文協ブックレット、2010年、拙著『反TPPの農業再建論』筑波書房、2011年、拙編著『TPP問題の新局面』大月書店、2012年、拙著『安倍政権とTPP』筑波書房ブックレット、2013年、同『TPP＝アベノミクス農政』同前。本章では最後の書を一部利用している。

並行して日米2国間協議を義務付けられたことだ。TPPは、TPPと日米FTAという二面性をもつことになる。そのことはTPPを、長い日米関係、アメリカの世界戦略における日本の位置づけという観点からみていくことを必要とする。

アメリカの戦後世界戦略は、①1980年代までの冷戦帝国主義の時代、②1990年代のポスト冷戦グローバリゼーションの時代、③2001年9月11日の同時多発テロに始まる新保守主義・「新しい帝国主義」の時代、④そして世界経済危機を経てオバマ大統領が登場する時代、と変化してきた。

ポスト冷戦グローバリゼーションの時代──日米構造障害協議

1990年前後に冷戦体制が崩壊するまでの①の時代の資本主義世界はアメリカを先頭とする「冷戦帝国主義」の時代だった。資本主義世界は日米収支のインバランス等の深刻な内部矛盾をかかえつつも、社会主義体制との冷戦を遂行するためにアメリカのもとに糾合していた。後述するようにアメリカ原籍等の多国籍企業も、冷戦遂行という建前の下には「国益」を無視した行動はとりづらい時代であり、日本もまた、アメリカとの深刻な経済摩擦はあったものの、アメリカの「不沈空母」(中曽根首相)に自らを位置づけた。

それに対して②の時代の日米関係は、1989年の日米構造障害協議をもって始まる。93年には日米包括経済協議に名称変更され、94年〜2009年まで年次改革要望書が取り交わされ、政権交代後の2010年からは日米経済調和対話が始まる。またUSTR(米通商代表部)は1974年から「外国貿易障壁報告書」を議会に報告しているが、日本については在日米国商工会議所をはじめ各団体の対日要求を集大成したものといえる。

日米協議の始まった1989年とは、東欧を皮切りとして奇しくも冷戦体制の崩壊が始まった年である。冷戦体制の崩壊とともにソ連という正面の敵、封じ込めの対象が消え、世界経済は市場経済に一元化し、「グローバリゼーションの時代」がやってきた。

それはまず「アメリカ覇権(パックス・アメリカーナ)の下でのグローバ

リゼーション」という形をとった。アメリカは「金融情報帝国主義」として金融資本をはじめとする「ニューエコノミー」と「新自由主義」を謳歌した。そして世界の覇権国家になったアメリカにとって最大の警戒対象は、今やソ連ではなく経済力でアメリカに迫りつつあった日本になった。日本を日米同盟にしばりつけつつ、その経済力を徹底的に削減し弱体化させる。それが日米構造障害協議を初めとする一連の「協議」「対話」体制だったと言える。

「新しい帝国主義」の時代

　2001年9月11日、同時多発テロがアメリカを襲う。アメリカはテロとの「戦争」という名目で、アフガニスタン、イラクに侵攻し、武力によってイスラム経済を潰し市場経済化し、中東石油支配を追求した。新保守主義が支配し、米国はいかなるライバルの出現もゆるさず、単独行動主義をとりつつ、「2地域で同時に戦争遂行できる体制」をとった。それは「新しい帝国主義」の時代でもある[2]。

　2005年、日米財界人会議が日米「両国間のあらゆる経済活動を網羅する包括的で戦略的な経済連携協定」(要するに日米FTA、その日本版としてのEPA)を提起した。アメリカ単独行動主義に日本の経済力を取り込むのが主眼だった。

　しかし戦争遂行と国内外での「略奪的な蓄積」はアメリカ国内の「ものづくり」経済の力を弱めていく。2000年前後からのアメリカはIT・株バブルから住宅バブル、そしてサブプライム危機へと突入し[3]、その間にアジア太平洋地域における中国の台頭を瞬く間に許した。

---

(2) D. ハーヴェイは、共有財産権（社会保険の権利）の私有化、知財による遺伝子資源の恣意的集積、環境共有財産の汚染的行為、新たな「共有地囲い込み」等、多国籍企業による非市場領域の市場化を指摘する。D. ハーヴェイ、本橋哲也訳『ニュー・インペリアリズム』青木書店、2005年。
(3) 拙著『混迷する農政　協同する地域』筑波書房、2009年、第1章。

オバマの登場とTPP

　オバマ政権への「チェンジ」はこのような事態のなかで起こった。オバマは当初、内需拡大的なグリーン・ニューディールを追求し、核のない世界をめざし「チェンジ」を感じさせ、日本の政権交代を引き起こす一因にもなったが、金融資本主義化そのものにメスをいれるものではないそれは長くは続かなかった。

　その後のオバマ政権の基本スタンスは次の通りである。①「米の外交政策においては、アジア・太平洋地域が最も重要な地域である」。②「世界的に見て最も主要な戦略的発展を遂げているのは中国である」、「中国が一世代のうちに世界で二番目に影響力を持つ国家へと発展していく」、③「弱い国内経済に基づく米外交政策は、最終的には失敗と評価される。世界で指導力を再構築するためには、国内の経済を立て直すことである」[4]。

　もはやアジアにおける最大のパートナー・ライバルは日本ではなく中国であり[5]、戦略上の重要地域は太平洋であり、2地域で同時に戦争できる体制から2020年までに米海軍軍艦船の比率を太平洋、大西洋6対4に変更する。対中国関係は、対ソ関係のような体制間冷戦関係ではなく、同じ市場経済の土俵で覇権国家争いをする関係である。このような100年におよぶ覇権システム移行期にあって最重要なのは経済力である。

　TPP自体は2006年に4カ国のそれ（P4）から始まり、それにアメリカが

---

(4) J. A. ベーカー、春原剛訳『オバマと中国』東京大学出版会、2013年（ベーカーは、国家安全保障会議の元アジア担当上級部長）。

(5) リベラル派を代表するG. アイケンベリー（プリンストン大）は「世界の主要国のなかで中国だけが、『対等の競争相手』として米国に挑戦する構えをみせている」。「米国は二つのことを同時にやろうとしている。……中国を地域およびグローバルなシステムに引き込もうとしている。その一方で、同盟システムを強化することで、中国の拡大する影響力に対抗しようとしている。我々が今、目の前にしている大きなドラマは、米国が安全保障、経済の両面で中心となった覇権秩序から、大国間の均衡に基づく多極型力学への移行だ」とする（朝日新聞2013年9月13日）。

第2章　TPP交渉とグローバリゼーション　43

加わり、さらにカナダ、メキシコ、そして日本が加わるという経過をたどってきた。アメリカ政府は、ブッシュ政権時代の2008年2月にTPP交渉入りを議会に通知し、9月には参加国拡大を表明した。アメリカの参加動機は、直接にはP4が2年後には投資や金融も交渉対象とすることに着目したものとされている。しかしより大きくは、2008年は食料危機とともに、WTOドーハラウンドが大詰めを迎えつつ混迷し、ついに決裂に至った年であり、アメリカは次の手を摸索していたと思われる。しかしTPPをアジア太平洋時代にアメリカが覇権国家たりつづけるための経済的基石に位置づけたのはオバマである[6]。

2．日本のTPP交渉参加

参加からブルネイまで

　先に2008年にアメリカから日本にTPP参加の誘いがあったとしたが、日本では2009年には政権交代が起こった。民主党は2009年版マニフェストでは日米FTAを掲げたりしていたが、初代の鳩山・小沢政権は日米安保の相対化、東アジア共同体に傾斜しており、米軍基地の県外・国外移転発言からアメリカの怒りをかって菅政権への交代となった。菅政権は日米同盟強化と「開国」による経済成長に舵を切り、2010年10月に突如TPP参加検討に踏み切り、11月には「包括的経済連携に関する基本方針」で、「開国と農業の両立」を打ち出した。

　以降、日本は再び政権交代したものの、TPPを日米同盟強化の文脈でとらえる、成長戦略に位置づける、農業と両立できるものと捉える、の三点で政

---

(6) 日本はマルチナショナル交渉（WTO）一筋できたが、米欧はバイラティラル交渉（FTA）との二正面作戦だった。マルチが行き詰るなかで、今やバイしか残されていない。そしてアメリカンスタンダードのグローバル化を果たすうえで、WTOはそもそも困難が大きい。
　今やアメリカの作戦は、アメリカンスタンダードを中南米、北米から太平洋地域へ、そしてグローバルへとステップを踏んで及ぼすことである。

権による違いはなかった。

　安倍首相は2013年２月にワシントンでの日米共同声明で「両国とも二国間貿易上のセンシティビティが存在することを認識しつつ、……一方的に全ての関税を撤廃することをあらかじめ約束することを求められるものではない」の文言をもって「聖域は守られた」として、３月には正式に参加表明し、４月にはTPP参加の条件に関する日米合意がなされた。日米合意では前述のようにTPP交渉と並行して日米二国間協議が合意された。その詳細は他に譲るが[7]、参加表明・日米合意に際して国会で、農産５品目等の「聖域確保を最優先し、それが確保できないと判断した場合は、脱退も辞さないものとする」ことが決議された。

　以降、閣僚レベル交渉は、７月マレーシア、８月ブルネイ、10月インドネシアと続き、インドネシアで「基本合意」の予定だったが、12月シンガポール交渉をもって越年することになった。

　交渉の進捗・内容は秘匿義務を盾にほとんど公表されていない。８月のブルネイでは、未解決分野として、物品の市場アクセス（関税）、投資（ISDS）、金融サービス、政府調達（入札など）、競争政策（国有企業など）、環境、労働、紛争解決等が挙げられている。知的財産権ではアメリカが新薬の特許期間の延長を主張、環境ではアメリカ、オーストラリア等が漁業補助金の削減を主張し、対立したと報じられている。

インドネシア会合 ── 日本の妥協の摸索

　2013年10月、オバマ大統領は内政問題から東南アジア歴訪をとりやめ、決着予定のTPPインドネシア首脳会合も欠席し、「オバマのための舞台にオバマがいない」とされた。このことは日本に二重の影響を与えた。一つはアメリカがアジアを軽視しているのではないかという点で、それが年末にかけての特定秘密保護法制定、国家安全保障戦略（NSS）の策定、自衛隊増強、専

---

[7] 拙著『TPP＝アベノミクス農政』（前掲）Ⅰ。

守防衛から敵地攻撃論への転換、水陸起動団（日本版海兵隊）、集団的自衛権の行使容認に傾斜していく（これらは本格的戦争を想定したものといえる）。

　二つは、欠席したオバマ大統領に成り代わって日本がTPP交渉を主導しようと前に出たことである。この時から、自民党内での農産5品の見直し作業が表面化し、第1章で見た農政「改革」が加速するようになった。そこには、TPPのイニシアティブをとるには、日本が自ら率先して妥協の姿勢を示すべき、という判断があったと思われる。かくして妥協カード切りが始まった。報道された妥協案を並べると次のようである。

①自由化率95〜98％をクリアするため、農産5品のうちチョコレート菓子、クッキー、牛タン、加工用米等、農産5品以外のワイン、日本酒、皮革製品、塩、タバコ等の関税撤廃。

②ミニマム・アクセス（MA）の米国割当分の増、主食用米10万t枠の拡大。さらに関税割当制度（無・低関税輸入枠の設定）への移行。

③関税撤廃までの期間延長。

　このうち、①は例えば米調整品等が含まれれば、主食用米のそれにつながる。②のMAはアメリカだけ優遇する案だが、いずれ関税割当制度に行き着かざるを得ない。③については米国の発言ともされ、それに対しては日本は99年を主張したという（日経、2014年1月5日）。

　米国側の識者は「TPPにおけるコメの扱いを米韓FTAと同様のものにする」ことを提案している[8]。つまり妥協の一つとして主食用米を関税の即時撤廃から外す可能性はある。そのことは二つの意味を持つ。第一に、主食用米が外されたとしても加工品・調整品が関税撤廃されれば、主食用に決定的に影響せざるをえないこと、第二に、そのことをもって政府は、主食用米の関税撤廃が避けられたから、TPPに関する公約は守られたと主張しうる。かつてUR時に「例外なき自由化に反対」としつつMAを認めたのと同じ手である。

（8）J. ショット他、浦田秀次郎監訳『米国の研究者が書いたTPPがよくわかる本』日本経済新聞出版社、2013年、111ページ。

しかし日本の最大の妥協サインは生産調整政策の廃止である。第1章第3節でみたように、9月30日に経済同友会が提案し、10月24日に産業競争力会議に持ち込まれ、10月31日自民党農林部会にかけられ、そこでの抵抗もなく「活力創造プラン」に取り入れられた。農林部会長は露骨な安倍人事で、先の「所得倍増10カ年戦略」をたてた小里から元経産官僚に替えられていた。

　TPPでたとえ主食用米の関税が守られたとしても調整品等の関税が撤廃されたら安い外米が輸入されるようになる。例えば砂糖が15％以上入ったものは米調整品としてあつかわれるが、遠心分離器で簡単に米を分離できるという。関税割当制度等に移行すればなおさらだ。要するにTPPは生産調整政策を無効にする。つまり生産調整政策の廃止は、海外からみればTPP受け入れサインに他ならない。

　12月10日はTPPシンガポール交渉の閉幕日だったが、まさにその日、日本は「活力創造プラン」を公表した。

日本の誤算

　TPP交渉をめぐって日本は数々の非論理的誤算を重ねている。

　第一に、日本は一貫して「日米同盟強化のためのTPP」という位置付けだった。言い換えれば、日米同盟強化を強調すれば、米国もTPPで妥協するだろうという読みだ。しかし通商交渉は安全保障の意味あいを持ちつつも、それ自体はあくまで通商交渉に過ぎない。そのことに対する安易な誤解が日本にはある。

　その最たるものが安倍首相の「集団的自衛権付き日米同盟＝TPP」論である。集団的自衛権という「お土産」をつければ米国は妥協すると踏んでいたのだろう。しかし米国としては、米国の戦争に日本がはせ参じる集団的自衛権ならウエルカムだが、中国との争いに米国をまきこむための安倍流集団的自衛権にはノーサンキューだった。そこで安倍首相がいくら集団的自衛権を強調してアメリカにすり寄っても、アメリカは容赦なく経済要求を突きつけてくる。

2013年2月にオバマ政権を去ったキャンベル国務次官補は「米日関係を活性化し強化するために最も役立つのは、対話の強化ではなく、安全保障問題に一層の重点を置くことでもない。両国の経済関係をより強化し、競争と連携にさらすことだ」（朝日2013年2月9日）としている。また同じ立場のリッパート国防総省次官補は「TPPは重要だ。（アメリカの）『アジア回帰』に関しては、安全保障面に大きな関心が寄せられているが、実際に政治と経済が中心の戦略なのだ」（同5月29日）と述べている。

第二の誤算は、2013年2〜3月の日米合意における、日米双方に「センシティブ」な分野があることを認めた際である。安倍首相は、関税撤廃の例外（聖域）が認められたと早とちりした（ふりをした）。しかし結果は、米国の自動車関税は継続したが、日本の農産物関税のそれはなかった。

この外交は「センシティブ」の意味を自分の都合の良いように解釈した日本の負けである。そもそも関税撤廃を大前提とするTPPに参加しつつ関税撤廃しないですむという錯誤の背景には、安倍首相のさらなる錯誤がある。すなわち「日本は何といっても第三位の経済力を誇る国であります。第三位の経済力には第三位の経済力にふさわしい外交力が備わっていて当然なんだろう」（3月18日衆院予算委）という経済大国例外論である。外交が経済力で決まったら苦労はない。それは戦略と論理の死力を尽くす場であり、経済力の割に力を発揮できないのが日本の外交の特徴である。

第三の誤算は前述の妥協カード切りである。結果的に12月の会合は大筋合意に至らず、TPPを仕切るという日本の野望は空振りに終わり、日本が農産5品の見直しに入った、すなわち妥協に転じたという印象だけを交渉国に残した。

以上の三点について、筆者は「誤算」としたが、それは甘く、実は国民を欺く「老獪」な戦術だという説もある[9]。論理的には関税を撤廃したくな

（9）手嶋龍一・佐藤優『知の武装　救国のインテリジェンス』新潮新書、2013年、157ページ。

いならTPPには入らない。その選択しか日本には無い。

　2013年にTPP関連で散発的に報道されたその他の情報には次のようなものがある。
・韓国のTPP参加意向（12月に予備交渉）・TPPを見越したベトナムからの米の開発輸入、ベトナム米の価格指標化。
・アメリカは最終的には米の関税引き下げにこだわらないのではないか。
・ウィキリークス（アメリカの反TPP団体）が、知財分野の著作権、インターネット利用の制限、医薬品特許でアメリカとその他諸国との対立をリーク。
・オーストラリアISDSの容認、ベトナムも条件付き容認。

3．日豪EPA大筋合意とTPP交渉

日豪EPA交渉の大筋合意

　日豪EPA（経済連携協定）は、日米の二国間交渉が白熱している最中の2014年4月7日に大筋合意した。表2-1、表2-2に農林水産品について引用した。要点は以下の通りである。
①牛肉の冷凍肉（ハンバーグなど加工用、レストラン向け）、冷蔵肉（スーパー向け）が一定数量（ほぼ現行輸入量程度）を超えた場合はセーフガード（緊急輸入制限）を発動しうるとしたうえで、15～18年かけて関税を引き下げる。ただし1年目に大幅に引き下げる。
②プロセスチーズ等については一定量の国産品使用を条件に関税割当制（一定量について枠外税率の半分に関税削減）にする。
③豚肉等については、差額関税制度（安い肉ほど関税率を高め、かつ輸入価格が基準価格を下回った場合は低率関税とは別に差額を徴収）を維持し、関税割当制で枠外税率の半分に引き下げる。
④バター・脱脂粉乳、食用小麦、砂糖については再協議
⑤米は関税撤廃等の対象から除外する。

表2-1 日豪EPA 農林水産品の合意内容

品目		合意内容
牛肉		数量セーフガード（緊急輸入制限措置）を導入。冷凍、冷蔵の区分ごとに一定数量を超えると関税を38.5%（現行水準）に引き上げ
	冷凍	関税を段階的に削減。1年目30.5%、18年目19.5%（約5割削減）
	冷蔵	関税を段階的に削減。1年目32.5%、15年目23.5%（約4割削減）
乳製品	バター・脱脂粉乳	将来の見直し（再協議）
	プロセスチーズとシュレッドチーズの原料用ナチュラルチーズなど	一定量の国産品使用を条件に無税の輸入枠を設定。プロセスチーズ用は20年間、シュレッドチーズ用は10年間かけて枠を拡大
	プロセスチーズ、おろしおよび粉チーズ、フローズンヨーグルトなど	低関税輸入枠を10年間かけて拡大。枠内税率は10年間かけて削減
米		関税撤廃などの対象から除外
小麦	食糧用	将来の見直し（再協議）
	飼料用	横流れ防止措置を講じて民間貿易に移行し無税化
砂糖	一般粗糖、精製糖	将来の見直し（再協議）
	高糖度粗糖	精製糖製造用は一般粗糖と同様に無税とし、糖度に応じた調整金を設定

注1．農業共済新聞　2014年4月16日。

表2-2 日豪EPAで大筋合意した畜産分野の主な内容（牛肉、チーズを除く）

品目	合意内容	2012年度輸入量
牛内臓・調製品	○関税割り当て設定 ○関税割り当ての枠内税率は20～41%削減。牛タンの場合は現行12.8%から7.6%に引き下げ ○枠内数量は初年度2万2,300t。10年かけ2万9,300tに拡大	5.1万tのうちオーストラリア産は2.2万t
豚肉など	○関税割り当て設定 ○枠内税率は50%削減など。豚肉の場合、従価税分を現行4.3%から2.2%に引き下げ ○枠内数量は初年度6,700t、5年かけ1万6,700tに拡大	約100万tのうちオーストラリア産は約700t
鶏肉など	○関税割り当て設定 ○枠内税率は10～40%削減 ○枠内数量は初年度40t、10年かけ200tに拡大	88.2万tのうちオーストラリア産輸入実績なし
鶏卵	○殻付き卵は関税撤廃などの対象から除外 ○全卵・卵黄は3～5年で、卵白は即時に関税撤廃	2.7万tのうちオーストラリア産2t
乳製品	○加圧容器入りホイップドクリーム（無糖）は5年かけ関税20%削減 ○乳糖、カゼイン、アルブミンは即時関税撤廃	8.9万tのうちオーストラリア産0.3万t

注1．日本農業新聞　2014年4月18日。

外務省「概要」はEPA全体について次の点を強調している。
① 自動車の関税は完成車輸出の75％が即時関税撤廃、主力の1500cc超3000cc以下のガソリン車は即時関税撤廃、残る完成車も３年目に撤廃、部品も３年以内に撤廃。
② 投資、サービス分野の自由化約束、政府調達へのアクセス改善、投資の自由化・保護・促進に係る内国民待遇、最恵国待遇、知的財産権の保護等。
③ エネルギー、鉱物資源（火力発電所用の液化天然ガス、鉄鋼石、石炭など）、食料の安定供給の確保

なおISDS（投資家国家間紛争解決）は再協議とした。そのほか、防衛装備品の共同開発等の交渉開始も約束した。

　農水省は国内農業への影響は小さいと評価した。しかし例えば**表2-1**の牛肉は、スーパーでは上段に和牛肉、下段にオージー肉が並べて陳列されており、消費者はサシの入りと価格を天秤にかけて選択し、オージー肉の価格が下がれば和牛肉も影響をうける。
　価格的に競合関係にある乳オス肉にとってはもっと深刻である。その結果、乳オス肉の価格下落やオージー肉へのシフトがおこれば、①交雑種（F1）や和牛肉の価格にも影響し、②豚肉、鶏肉の需要や価格にも影響する。③乳オス肉の需要減や価格下落は乳オス子牛のそれに影響し、収入の少なからぬ部分を依存している酪農経営にも影響する。プロセスチーズの無税輸入枠の拡大も見逃せない。
　また**表2-2**の豚肉、鶏肉、鶏卵、乳製品は、現状ではオーストラリア産の輸入は微々たるものだが、いずれも品質競争が難しく、価格低下の影響は予断を許さない。
　1980年代末に牛肉自由化が決定した途端に肉牛経営の廃業が相次ぎ、今また酪農廃業が増えているなかで、関税引き下げというイメージ効果は大きく、畜産が減退すれば、政府が生産調整政策廃止の切り札にしている飼料用米生産もそのはけ口（鶏卵、豚肉生産など）を失う。

第2章　TPP交渉とグローバリゼーション

日豪EPA大筋合意の背景

　日豪EPA交渉は前の安倍内閣の2006年に開始され、進展をみないまま7年が経過した。それがここにきて「電撃合意」した背景は何か。

　日本側からすれば、直前に韓豪FTAが結ばれ自動車関税が撤廃され、韓国に遅れをとるという焦りが指摘されている。TPPも「米韓FTAに遅れをとるな」が合言葉だった。

　オーストラリア側は、日本への牛肉輸出のトップだったが、2007年から輸出が減少しているうえに、BSE発生で制限されていた米国産牛肉の輸入規制がTPP関連で緩和され、その輸出が増えてさらに押される関係にあった。

　こうして日本の自動車輸出とオーストラリアの牛肉輸出の思惑が一致したことが、この時点での合意の直接的な理由とされている。それは、工業（自動車）の利益のために農業（畜産）を犠牲にするという、これまでの日本の自由化の伝統的パターンの繰り返しでもある。

　しかしオーストラリアの自動車生産は、通貨高（輸入有利）と人件費高でトヨタを最後に外資が撤退することになり、そうなると国内生産はゼロになって関税で守る必要はなくなる。そもそもオーストラリアの自動車関税は5％で、この間の豪通貨高（円安）でチャラになっている可能性がある。

　このように日豪が得る利益はあまりに非対称的であり、日本の妥協がめだつ。しかし日豪EPA合意には安倍首相の強い意向があった。それは対中国の安全保障への配慮とともに、TPPにおける日米2国間交渉がいきづまるなかで、アメリカ以外の国との、関税撤廃しない形での交渉妥結により、アメリカの関税撤廃要求を牽制するためとされている。しかし後者の思惑はアメリカには通じず、アメリカは日豪EPAは野心的でないと批判し、関税撤廃の要求を下ろさず、日本の思惑は外れた。つまり以上の背景説明はいずれも決定打とは言えない。

日豪EPA大筋合意の真の狙いは

　では官邸の狙いは何だったのか。日豪EPA交渉の開始に当たっては、国

会決議がある。それは「米、小麦、牛肉、乳製品、砂糖などの農林水産物の重要品目が、除外又は再協議の対象となるよう、政府一体となって全力を挙げて交渉すること」「我が国の重要品目の柔軟な取り扱いについて十分な配慮が得られないときは、政府は交渉の継続について中断も含め厳しい判断をもって臨むこと」（2006年12月12日衆院農林水産委員会等）としている。TPPに関する国会決議の原型である。

「再協議」が一部品目に限られる日豪EPAは、明らかにこの国会決議に反する。とはいえ通商交渉で関税引き下げに一切応じないということは無理なので、その程度が国内農業に甚大な影響を与えるかどうかが国会決議が守られているかの判断基準となろう。自民党は、日豪EPAは「我が国農業・農村を守るぎりぎりの大筋合意」だとして理解を示し、全中会長も「国会決議を踏まえたギリギリの交渉を粘り強く行った」とし、牛肉については「国会決議を踏まえた交渉結果になっているかどうか……政府・与党から十分な説明が行われるものと理解」するとして、「国内生産への影響が懸念される場合には、財源確保を含め、万全の対策を求めていく」とした。全中の力点は「財源確保」に移っている。

しかし日豪EPAは「我が国農業・農村を守るぎりぎり」の線を以下の二点で越えている。一つは前述の直接的影響、もう一つはTPPとの関連である。すなわち甘利TPP担当相は「日豪（EPA）の内容が仮にTPPで採用された場合、決議との整合性は取れるのではないか」（4月11日衆院内閣委員会）としている。これは日豪EPAをTPPの「レッドライン」（譲れない一線）にするものだが、その論理を延長すれば、「関税撤廃さえしなければ国会決議に反しない」ということになりかねない。つまり日豪EPA大筋合意は、TPPにおける日米二国間交渉での妥結に向けての「助走」、「地ならし」であり、「相場観づくり」である。

その「相場観」をあらかじめ言えば、「関税撤廃に限りなく近い関税引下げ」である。「関税撤廃」しないことで日本に「名」をとらせ、「超低率関税」でアメリカが「実」をとる決着である。それは1980年代前半の日米牛肉・オレ

ンジ交渉の決着の再現でもある。

　なお後日、日豪の政府関係者が「日豪EPAの物品では最恵国待遇を含まないが、一部の農産物の市場開放については、発効の一定期間が経過または日本が他国により良好な（関税削減などの）条件を与えた場合、見直すことを認める」としていることが報道された（日本農業新聞、4月25日）[10]。前述の外務省「概要」の②は投資等について最恵国待遇（特定国への待遇を他国にも適用する）を認めているが、物品については書かれていない。日豪EPAは「レッドライン」どころか、TPP待ちの「底なし沼」になりうる。

日米共同声明をどう読むか

　2014年4月のオバマ大統領のアジア歴訪は、アジアへの「リバランス戦略」にそってアメリカの「太平洋国家」化を強固にすることが目的であり、軍事同盟強化とTPPがその両軸だった。

　4月25日の日米共同声明は、前半で、日本の「積極的平和主義」、アメリカのアジア太平洋地域へのリバランス戦略、海洋秩序の維持、日米安全保障同盟の強化、日米安保条約が尖閣諸島を含む日本の施政下にある全ての領域におよぶこと、日本の集団的自衛権の検討の歓迎等、同盟強化を高らかにうたった。

　しかるに後半のTPPに関しては「前進する筋道を特定」「キー・マイルストンを画し」「より幅広い交渉へのモメンタムをもたらす」が、「このような前進はあるものの、TPPの妥結にはまだなされるべき作業が残されている」とした。要するに「大筋合意」には至らなかった。

---

[10] その後、日米協議をにらみつつ、オーストラリアやメキシコは、既に日本と結んだEPA以上の市場開放を求めていると伝えられる。とくにオーストラリアは「牛肉や乳製品を中心に除外・再協議となった米、麦、砂糖についても市場開放を求めており、メキシコも豚肉の市場開放を求めている」とされている（日本農業新聞7月12日）。日米協議の如何では日本は総崩れになる可能性がある。

共同声明について「実質合意」か「合意見送り」かがマスコミで取りざたされたが、進行中の複雑な交渉について「あれかこれか」の割り切りは適切ではなく、問題は交渉がどこまで進んだのかという、合意の程度（熟度、詰め）である。

　この点について、TBSの４月26日「あさチャン」で、甘利担当大臣は「この東京階段での縮まり方が一番大きい」「方程式というならその方程式は合意したが……」と発言している。

　この「方程式」が現段階のキーワードである。TPP担当の内閣審議官は、５月２日に政府の公式見解として、「進展はあったが、合意に至っていない」「交渉は進展以上、合意未満」とし、「進展」の内容は、①途中段階も含めた具体的な関税率、②関税を引き下げる期間と方法、③セーフガードの発動基準を日米間で議論することを確認した、ことだとした。そして①〜③はセットで「駆け引き」するともしている。要するに、連立方程式（変数）の本数とフォーミュラまでは決まった（合意した）が、変数にどんな数字をいれるかは交渉中（合意していない）、諸案があるというわけである。

　「実質合意」説にたつ読売は、５月３日には、①豚肉は差額関税制度を維持しつつ、最低価格帯の関税を15年程度かけて１kg482円から50円に引き下げ、牛肉関税は現行38.5％を10年程度かけて９％に引き下げ、乳製品は米国産に特別枠、米・麦・甘味作物の関税は原則維持、アメリカの自動車関税2.5％はTPPで設定された最長期間で撤廃、②セーフガードの発動基準、自動車の安全基準の見直し、乳製品の特別枠は今後詰めるが、実質合意は変更しない、と報じた。たとえば牛肉関税の９％は日豪EPAの19.5〜23.5％よりかなり低く、そこに至る期間も短い[11]。

　"Inside US Trade"の４月25日付けは「アメリカはBreakthrough（飛躍

---

(11) 読売報道は経産官僚のリークだとされるが、それよりも読売と権力の癒着には驚くべきものがある。神保太郎「メディア批評」第81回、『世界』2014年９月号、72ページ。

第2章　TPP交渉とグローバリゼーション　55

的前進）を主張したが、東京はConcrete deal（実質合意）はないとした」
と報じた。すなわち「攻めるアメリカ、守る日本」という構図である。交渉
は牛肉、豚肉、酪農品について主として議論し、小麦、砂糖、米については
あまり視野に入れなかった。また市場アクセスの「パラメータ」（変数）と
して、関税の撤廃・削減、関税削減の期間、関税割当制度を検討した、とし
ている。セーフガードを除き日本の内閣審議官の言と一致している。

　なお同紙は29日には、大統領補佐官が「TPA（大統領貿易促進権限、後述）
なしのTPP交渉は困難」としたことも報じている。

　フロマン米通商代表は米日二国間交渉はsignificant（重大）な進展をみ、
全交渉に重大な弾みを与えると自賛しつつ、EU貿易理事会に出席し関税撤
廃への固執を繰り返し強調している。

交渉はどこまでできたか

　アメリカが牛肉、豚肉等について焦点を当てたということは、関税撤廃と
いうTPP原則論からアメリカが本音の実利追求に踏み込みだしたことを示
している。そこには日豪EPAがTPP交渉に与えた影響がみてとれる。

　米については関税撤廃ではなく、ミニマム・アクセス等のアメリカ枠の拡
大の方向のようだが、日本が関税撤廃しても将来的に増えるのはベトナム米
であり、アメリカとしてはそれよりも管理貿易で自国枠を確保した方が得で
ある。米を関税撤廃から外すことで、日本の多数の稲作農家と少数の畜産農
家等との間にくさびを打ち込む効果もある。

　このようにアメリカは、一方で原則論をふりまわしつつ、他方では自国利
害、自国の業界・企業利害をむき出しで要求する二面性をもっている。しか
し「原則から実利へ」と割り切ることはできない。第一に、前述のように
EUに対しては相変わらず関税撤廃を主張しており、交渉如何ではいつでも
原則に揺り戻す。第二に、原則と実利の折り合いは、前述の「限りなく関税
撤廃に近い関税引下げ」にほかならない。

　共同声明では、攻めるアメリカとしては成果を大いに強調したいが、守る

日本としてはそうはいかないという駆け引きがあった。しかし実際の行動は、アメリカの口はあくまで堅く、日本はリークしている。このねじれは、どこからくるのか。アメリカとしてはこの程度の合意では議会や業界の同意は到底得られずTPA（後述）もとれない、としてTPAが必要不可欠なことを訴える。日本側は情報を小出しして関税引き下げの既成事実、あきらめムードをかもしだしたい、ということだろうか。

交渉はその後も7月に主席交渉官間でなされ、アメリカは中間選挙（11月）後の中国でのAPEC首脳会合（11月10、11日）に向けて大筋合意に意欲的と伝えられた。また7月の交渉では児童労働を防ぐ労働分野、食品安全性に係る衛生植物防疫（SPS）の分野で前進したが、知的財産権、国有企業、環境の分野で難航しているとされる。

日米間では牛・豚肉に関する緊急輸入制限措置（SG）が話し合われたとされている。つまり先に数字の詰めには至らなかったとしたが、既に数字はほぼ固まり、論点は輸入急増時の措置に移っていると推測される。その意味で交渉は最終局面に入っている。それを、日本側関係者は「頂上が見えてきた」「距離感が縮まり始めた」と表現している（朝日、7月17日）。前述のように残るのは政治情勢とタイミングである。

ここにきてTPA（Trade Promotion Authority、大統領貿易促進権限）が焦点になっている。米国憲法では、条約締結権は大統領が有するが、通商協定の合意内容を実施する措置の立法権は議会が有している。それでは交渉が進まない可能性があるので、議会が交渉について条件をつけ、その条件が満たされる限り、通商協定の実施法案を修正なしに採否するファーストトラック（追い越し車線）権限を大統領に与える。これがTPAである。

TPAは1974年通商法で創設され、以降のアメリカの通商協定は対ヨルダンFTAを除き、全てTPAの下で議会承認されてきた。直近のTPAは2007年に失効し、2014年1月に新たなTPA法案が議会に提出された。歴代政府はTPAの取得に平均して2年かかっており、今回もその取り扱いをめぐって複雑な状況にある[12]。

大統領としては、事前に相手国から最大限の譲歩を引き出しておかないとTPAがとれない、TPAがないと最大限の譲歩を引き出せない、というジレンマを抱える。そこでオバマがとる戦術は、日本から最大限の譲歩を引き出すことによりTPAを取得し、それをテコにTPP交渉全体をまとめあげることである。

　先に日本はアメリカ中間選挙で民主党を利するために妥協することはないだろうとしたが、中間選挙で共和党が勝てばより厳しい自由化要求をつきつけられる可能性が強い。

　このように日米双方ともジレンマをかかえているが、だからといって日米支配層が中国の面前でTPP交渉を決裂させることはあり得ない。彼らにとって最大の問題は、前述のように政治情勢とタイミングである。

　なお、アメリカが主体となったTPPのような大型の通商交渉がTPAなしに成立することはこれまでの歴史にはないが、そのTPAの行方も定かではない。しかしアメリカが真に怖いのがTPAがとれた時である。なぜなら大胆な妥協カードをちらつかせつつ相手国に妥協を迫るからである。その時、日本は農産物での妥協しか残されていない。

　ガット・ウルグアイ・ラウンド（UR）時の日本側責任者の一人だった塩飽二郎は、米国が最終局面で「例外なき関税化」から「関税化の例外」（ミニマム・アクセス）の容認に一転したことに驚きつつも、（米国は）「日本との交渉で決着できないと、ウルグアイ・ラウンドが『店じまい』できないのは分っていました」と述懐している[13]。

　安倍内閣の改造（９月）で、TPP妥協を主導してきた西川TPP対策委員長が、その論功行賞もあってか農水大臣に就任した。これでTPP担当相が２人に増え、そのうち一人が農業面でのTPP決着の「真打ち登場」ともいえる。

---

(12) 農水省「TPP交渉の現状」2014年１月、全中『国際農業・食料レター』176号、2014年７月。
(13) 塩飽二郎「私の来た道　政策当局者の証言①」『金融財政ビジネス』2011年８月22号。

第2節　TPPとグローバリゼーション

1．交渉の20世紀型と21世紀型

　以上では交渉の経過を見てきたが、本節では交渉の構成・背景・本質にふれたい。

　まず交渉の構成であるが、それは20世紀型と21世紀型からなる。

　20世紀型とは物財貿易をめぐる関税交渉である。ここでは先進国間対立がめだち、その典型が日本の農産物とアメリカの自動車である。それぞれ日米の比較劣位産業である。そもそも比較優位部門を輸出し、比較劣位部門を輸入するのがリカードゥ以来の比較生産費説であり、自由貿易の最も基本的な経済法則とされてきたものである。WTOには貿易だけでなく環境や多面的機能といった「非貿易的関心事項」への配慮が文言としてあるが、TPPにはそういう哲学もない。つまり自由貿易の即物的な追求がTPPだといえる。

　多面的機能という点では、農業を守ろうとする日本に分がある。自動車産業は技術移転可能であり、多面的機能も有しない。既に日本の自動車産業の6割以上は海外生産であり、日産は8割に達する。それに対して農業は国土固着産業として技術移転も難しく、多面的機能を有する。しかし米国にとって国内雇用の確保という点で自動車産業は重要であり、一概に保護の必要なしとするわけにはいかない。

　要するに物財貿易に関する対立は、最先進国といえども、いや先進国であればあるほど比較劣位産業を政治的に守る必要があり、ハイパー自由貿易論は成り立たない。

　この物財貿易の面で、TPPという舞台の上で分があるのは（論理整合的なのは）日米どちらかといえば、それはアメリカである。日本が参加に踏み切った2013年2月の日米首脳共同声明は、①TPPでは全ての物品が交渉の対象になる、②2011年11月の「TPPの輪郭」を達成する、③ a．日本の農産品、米国の工業製品のようなセンシティビティーが存在する、b．最終的な結果

は交渉で決まる、c．「TPP交渉参加に際し、一方的に全ての関税を撤廃することをあらかじめ約束することを求められない」、としている。

このうち①②はTPPの大原則の確認、③は、日本のTPP参加に対するアメリカの条件付与である。安倍首相は③ｃをもって「聖域は守られた」として交渉参加を決意したが、それが誤解であることは前述した。③ｃは、米国が日本の参加を承認するに際して、日本が「あらかじめ全ての関税を撤廃する」と宣言しなくてもよい、としているに過ぎない。なぜならそれは最終的には③ｂ、すなわちTPP交渉の場で決まることだから。

ただし交渉は①②を大原則とする。そして②の「TPPの輪郭」は「関税並びに物品・サービスの貿易及び投資に対するその他の障壁を撤廃する」として、関税撤廃を大原則にしている。

その点から日米交渉を顧みれば、アメリカは自動車について、関税撤廃まで最長期間をとると言っているだけで関税撤廃しないとは一言も言っていない。それに対して日本は農産5品について関税撤廃しないと主張している。米国は形式論理的に大原則に従っているが、日本は従っていないことになる。

だからと言って、農産品も関税撤廃すべきと言いたいわけではない。そもそも関税撤廃を大前提とするTPPに、関税撤廃しないで済むと言って参加したこと自体が矛盾であり、それを避けるには交渉脱退しかないわけである。

21世紀型とは、特許権（新薬など）や著作権（アニメ、ゲームなど）の知的財産権、国有企業の優遇措置廃止、投資収益を確保するISDS（投資家と国家の紛争解決）条項等である。さらに金融、環境、労働等が関わり、主として非関税障壁が問題になる分野である。そこでは日米多国籍企業の利害が概ね一致し、その他のいくつかの参加国と対立している。

20世紀型は過去の交渉の積み残し分野であり、それに対してTPPの新機軸は21世紀型の分野だといえる。

物財貿易（20世紀型）における先進国間対立、非関税障壁（21世紀型）における先進国と新興国等の対立がTPPの構図である。

2．TPPにかける日米の思惑

企業の脱ナショナル化

　日米がTPPで21世紀型を追求する背景には、多国籍企業帝国主義国としての共通利益の追求がある。

　日本がTPP参加に際して行ったTPPの経済効果試算では、10年後のGDPの＋効果は3.2兆円、0.66％に過ぎない。内訳は消費3兆円、輸出2.6兆円、投資0.5兆円である。輸出は自動車等だが、それに対して輸入は農産物を中心に2.9兆円である。

　TPPは国内投資効果がほとんどなく、輸出よりも輸入の方が大きい。要するに20世紀型ではTPPはマイナス効果しかもたないのである。

　ここで注意すべきは、政府試算は、そもそも「関税撤廃の効果のみを対象とする仮定（非関税措置の削減やサービス・投資の自由化は含まない）」とされている点である。要するに、試算不能なのか、隠したのかは分からないが、21世紀型交渉の効果は計算されていない。

　しかるに2012年の日本の国際収支は、経常収支4.8兆円、貿易収支▲8.4兆円、サービス▲2.5兆円、所得収支14.3兆円である。貿易収支は物財貿易、所得収支は海外投資からの純益である。トレンドとしても貿易収支は黒字から赤字に転落、サービス収支はマイナスだがその幅は小さくなってきている。そして所得収支のみがプラスでかつプラス幅が拡大している。

　アメリカの2010年についてみると、貿易収支は▲6,459億ドル、その他サービス収支は1,384億ドル、所得収支は1,652億ドルである。日米でサービスの±の差はあるが、傾向としては同様にサービス収支と所得収支が伸びている。つまりTPPを通じてサービスと所得収支の部分を伸す点で、日米の利害は同一方向を向いている。

　日本は遅れて多国籍企業化したが、その海外生産比率は、サブプライム危機でダウンしたものの海外進出企業ベースで32％に及んでいる。現地法人従業者数も523万人と500万人を超えた。なかでも輸送機械は38.6％と高い水準

に達している。日本も今や、made in Japanからmade by Japanの時代になった。先にみた所得収支の増大は、このようなグローバル化の結果である(14)。

こうなると「日本国内でどれだけ付加価値を生産したか」という「GDP（国内総生産）」概念自体が相対化されてしまう。アベノミクスの「骨太方針」はわざわざ「参考」として「GNI（国民総所得）」概念を示した。〈GNI＝GDP＋海外からの実質所得純受取＋交易利得・損失〉である。これまでは「諸国民の富」（A. スミス）すなわちGDPがいわば「国益」だったが、made by Japanの時代にはGNIこそが「国益」、いや多国籍企業・超国家企業にとってそもそも「国益」という概念がなくなったといえる。

先に政府試算から投資収益等が欠落している点を指摘したが、その一つの理由はここにあるのではないか。

第一に、多国籍企業の海外営業は、国内で雇用して国民に賃金所得を付与するわけではなく、海外利益が国内送金されても国内投資にむかわず、内部留保されたり海外再投資に向かう可能性が高い。

第二に、海外直接投資は国内産業の空洞化をもたらし、国内雇用を減らし、GDPを減らしかねない。アベノミクスやTPPとの関連で、海外直接投資は国内にもプラスの雇用効果を生むことがしきりに主張されているが、通商白書は21世紀に「主要国では対外直接投資と国内投資の両方が増加傾向にある中、我が国のみが対外直接投資が増加する一方で国内投資が減少している」と指摘する(15)。

サスキア・サッセンはグローバル資本がネットワークを結ぶニューヨーク、ロンドン、東京等のグローバル・シティは、その背後にある地域・国民経済

---

(14) 朝日新聞経済部編『限界にっぽん』岩波書店、2014年は、2013年の連載をまとめたものだが、その第4章は日本のみならず韓国等の「超国家企業」の実態をビビッドに描き、今や「1業種1社のような世界」になっているという。同書によれば、国連貿易開発会議によると、2カ国以上で活動する企業（要するに多国籍企業）の総生産額は世界のGDPの1/4を占めるという。
(15) 『通商白書2012』287ページ。

から切り離され「脱ナショナル化」することを指摘している⁽¹⁶⁾。前述のように冷戦体制下では多国籍企業といえども「国益」を無視した行動はとりがたかった。冷戦を遂行することは軍産複合体としての多国籍企業にも利益であり、その限りで国家への「遠慮」があった。しかし冷戦体制が解体した1990年代以降は、多国籍企業は誰はばかることなく、「国益」を無視して私益を追求できるようになった。

このようなグローバル化、多国籍企業・超国家企業化、その反面としての国内産業空洞化は地域経済を直撃する。彼等が海外で稼いだ「所得」は海外で再投資されるか、日本のグローバルシティに送金されて、株式配当、内部留保、海外再投資され、一部は大都市経済を潤し、日本の地域経済格差を決定的に推し進める[17]。

他方で、アベノミクスは、第1章1節でみた『日本復興戦略』で、国家戦略特区を突破口にして、「世界で一番企業が活用しやすいビジネス環境を整備」し、対内直接投資を活性化する。そのため政府の外国企業誘致・支援体制を抜本強化するとしている。また『やわらか成長戦略』（2014年6月）では端的に「企業活動の国境、なくします！」としてTPPに期待をかけている。日本企業がアジア・海外に出ていった後を海外企業の直接投資で埋める戦略である。

多国籍企業による共通市場の確保

このような「グローバル化の時代にあってもモノ、カネ、あるいは情報と比較して人の動きは格段に緩慢」で、そこに「国家の意外にしぶとい生命力」がある[18]。国民（領土内に住む人びと）ははるかに定住的であり、その生

---

(16) S. サッセン、大井由紀他訳『グローバル・シティ』筑摩書房、2008年、xiiページ。
(17) 拙稿「地域格差と協同の破壊に抗して」『規制改革会議の「農業改革」20氏の意見』農文協、2014年。
(18) 木村雅昭『「グローバリズム」の歴史社会学』ミネルヴァ書房、2013年、82ページ。

活に係わるドメスティック（内需）産業があり、国土から離れられない、その意味でも最もナショナルな農林水産業がある。グローバリゼーションの時代になお「国民国家」の存在意義があるとしたら、それはそのような国内定住的（ドメスティック、ナショナル）なものの利益を守ることである[19]。

しかるにTPPが狙うのは、まさにそのような国民国家の機能である。アメリカは、保険、金融、政府調達、医療、投資自由化等で、後述するISDSを最終的な突破口として海外市場を切り開こうとしている。それに対してTPPにおける日本の「攻めの分野」は貿易ルール、知財、投資、金融サービス等、「守る分野」として農産物、食品安全、地方政府調達、郵政・共済、環境があげられているが（日経2013年5月24日）、「攻めの分野」はアメリカのそれとピタリ一致する。

先の『日本復興戦略』は「民間が入り込めなかった分野で規制・制度改革と官業の開放を断行」「保険診療と保険外の安全な先進医療を幅広く併用」と混合医療の促進をうたっているが、それはアメリカの日本に対する要求と軌を一にしている。そもそも安倍首相はその出発点において「世界で一番企業が活動しやすい国」（2013年2月施政方針演説）をめざしている。

つまりアメリカ政府や多国籍企業が日本に要求している分野は、実はそれによって日本の公共財・準公共財市場（医療・教育・福祉等の「官製市場」）がこじ開けられ、その分野に対する民間資本の参入が自由化されれば、日本の財界の利益にもなる。それは公共財市場のみならず規制緩和一般に及ぶ。外圧を利用して国内の「構造改革」（規制緩和）を断行し、財界のビジネスチャンスを拡大するのは、とくに橋本・小泉・安倍内閣のお家芸である。

かつてハーヴェイは、このような面を「新しい略奪による蓄積のメカニ

---

[19] 逆に言えば、「国家の活動は、グローバリゼーションが乗り越えねばならない取引費用の源泉である。ここにグローバリゼーションの大いなる難問がある。国家なしではできないが、国家のせいでできないのだ！」D. ロドリック、柴山桂太他訳『グローバリゼーション　パラドクス』、白水社、2013年、42ページ。

ム」と呼んだ[20]。すなわち「知的財産所有権の強調」「世界の遺伝子資源の恣意的な集積」「新たな共有地囲い込み」「共有財産権（国家による年金、福祉、国民健康保険への権利）が私有の領域に移されること」等々。

　最近の報道では、TPP交渉の難航分野として新薬に関する知的財産権保護（データ保護期間）が取り上げられている。現行では、日本・カナダが8年、アメリカ等が原則5年だが、アメリカは特にガンや糖尿病に効くとされる「バイオ医薬品」に限り12年間保護しており、その特例をTPPに盛り込もうとして、ジェネリック薬品に依存する新興国、とくにマレーシア等と対立している。新薬開発には1件1千億円もかかるとされ、ほぼアメリカの独占になっており、かつロビー活動における製薬業界の存在感はすばぬけているという（朝日2014年8月15日）[21]。

3．ISDS条項

ISDS条項

　このような多国籍企業・超国家企業に最後の拠り所を提供するのが投資協定、そのなかのISDS（Investor-StateDispute Settlement、投資家と国家の紛争解決）条項である。その法案内容は公表されていないが、これまでにアメリカが結んだFTA（NAFTA、カナダ、メキシコとの北米自由貿易協定、米韓FTA等）、アメリカの二国間投資条約等から類推されてきた[22]。また2012年6月にウェブサイトに投資章がリークされ、それをアメリカのNGOパブリックシチズンが分析したものが翻訳された[23]。その概要は以下のよ

---

(20) D．ハーヴェイ『ニューインペリアリズム』（前掲）150ページ。
(21) 「医薬品の開発は、その分子構造を発見するのが最も難しい。ジェネリック医薬品の価格から割り出すと、医薬品自体の製造コストは、特許をとった医薬にかかる研究・開発コストの減価償却費よりもはるかに低い」（D．コーン、林昌宏訳『経済と人類の1万年史から、21世紀世界を考える』作品社、2013年）。
(22) 拙編著『TPP問題の新局面』（前掲）、第2章（磯田宏稿）。なお本項は拙著『安倍政権とTPP』（前掲）による。

第2章　TPP交渉とグローバリゼーション　65

うである。

　①外国の投資家（個人・法人）が、投資先の国の「新たな」（new）政策・法律等が彼等の期待利益を損なう場合に、その国の法律に基づいてその国の裁判に訴えるのではなく、外国の裁判機関（後述）にその国を提訴でき、勝訴した場合には莫大な補償金を獲得できるというシステムである。要するに外国投資家が国の司法等の主権に優越するのが制度の根幹的な性格である[24]。

　これはTPP以前から存在する投資にまで適用される。パブリックシチズンは「新たな」法律等としているが、既存の法律に基づいて「間接収用」（後述）を新たに執行した場合にはISDSの対象になりうる。

　②具体的には、政府調達、公益事業の運営契約、土地活用政策、政府所有の土地の天然資源の利権、知的財産権、資本規制、デリバティブのような金融商品規制、金融取引税の使用等が対象になる。公衆衛生・安全・環境・福祉・健康・消費者保護も「ある状況のなかで間接的収用になりうる」とされている[25]。これまでの事例では環境・健康・運輸政策等が訴えられている。

　とくに「間接収用」（「規制収用」とも呼ばれる）という英米法の概念が用いられている。間接収用とは経産省の定義では「所有権等の移動を伴わなくとも、裁量的な許認可による剥奪や生産上限の規定など、投資財産の利用やそこから得られる収益を阻害するような措置も収用に含まれる」というものである。要するに不動産に対する「直接収用」に対して、期待利益獲得機会に対する「間接収用」ということで、上記に関わる規制政策が当てはまる。

---

(23) ローリー・ワーラック、トッド・タッカー（パブリックシチズン世界貿易監視部門）、田所剛・田中久雄訳「TPP投資条項に関する漏えい資料の分析」2012年6月13日（http://antiTPP.at.webry.info/201206/article_9.html）
(24) 斎藤誠（東大）は「紛争解決が国内裁判所の手を離れ、立法府や国民からみれば、自分があまりコミットできないところで国内規制やサービスについての判断が下される問題でしょう。……同様の仲裁裁判が下されることになると、国内の仕組を変えざるを得なくなる」と『ジュリスト』2012年7月号の座談会で指摘している。
(25) D. ロドリックもその点を強調する。前掲書、231ページ。

これまでの米国が関わる賠償金事例の7割は天然資源と環境に関する「公正衡平な待遇」に係るもので、収用関係ではないが、最近ではたばこ包装規制法（オーストラリア）やエコカー補助金制度（韓国）等が槍玉に挙がっている。

これまでのISDSの発動状況についてみると、大気汚染・健康被害を引き起こすガソリン添加剤の使用禁止、廃棄物処理施設の差し止め、甘味料への課税（以上カナダ、メキシコ）、学校給食への有機農産物使用、地下鉄料金の据え置き、銀行の安値買収の差し止め、高CO_2車への負担金（以上は韓国）、タバコの箱へのガン写真の義務づけ（オーストラリア）等をめぐって、米国資本に当該国が訴えられて敗訴した件が伝えられている。

その他にも米国資本がペルーで公害を起し住民に訴えられて敗訴したが、同企業はペルー政府をISDSで訴え8億ドルの補償金を獲得し（日本農業新聞2013年9月25日）、米石油大手シェブロンがエクアドルで環境汚染、裁判で賠償を命じられたがISDSで訴えて支払いの要なしとされた（赤旗2013年9月27日）。

要するに多くのケースは、国が国民の健康・安全・環境等を守るためにとった措置が、（米国）多国籍企業の利益を害する「間接収用」に当るとして提訴され、国が敗訴して莫大な補償金を支払わされている。

③利用される国際仲裁機関は半数以上がアメリカが主導権を握る世界銀行傘下の投資紛争解決国際センター（ICSID）で、ICSIDは「その仲裁裁判を自国の裁判所の確定判決とみなし」[26]、上訴は認められない。これは外国での裁判を「自国の裁判所」でのそれとみなす、加えて「確定判決とする」という二重の司法権侵害である。その「裁判官」は企業弁護士との間を行き来しており、企業、国が各1名を選出し、その2人がもう1人を選ぶことになっているから、人事的にも企業寄りである。

④法律家は、ISDSが国内法改廃を直接に命じることはない、原状回復等

---

[26] 玉田大「TPPにおける投資保護と投資自由化」『ジュリスト』2012年7月号。

も金銭賠償支払で代替可、執行義務は金銭賠償義務に限定されていることを強調している[27]。国内法改廃を直接に命じることは属国でもない限りもとより不可能だが、訴えられた国は莫大な訴訟費用がかかり、敗訴すれば莫大な賠償金を支払わされるので、政府の措置を「抑制する」機能をもつ。韓国では「萎縮」効果とよばれているようだが、多国籍企業にとっては「予防効果」である。

ISDS付きのTPPに参加することの意味

ISDSは多国籍企業に国内法を無視する権利を与えるものだから、憲法が定める国民主権の否定である[28]。とくに「TPPに反対する弁護士の会」は、憲法78条「すべて司法権は、最高裁判所及び法律の定めるところにより設置する下級裁判所に属する」に抵触すると批判している。

それに対してTPP擁護論者は、憲法では条約が法律に優越することになっているから主権侵害ではないと反論する。憲法98条は、第1項で「この憲法は、国の最高法規であって、その条規に反する法律、命令……は、その効力を有しない」としているが、第2項の「日本国が締結した条約及び確立された国際法規は、これを誠実に遵守することを必要とする」としており、これを盾に条約優先論を主張するわけである。

しかし憲法を素直に読めば、98条は「憲法は国の最高法規だから、**憲法に違反する条約は結べない**。憲法に違反しない限りで結ばれた条約は遵守する」と読める。反対論は、「いったん条約を結んだら、まず初めに条約ありき」という転倒した議論である。そもそも国民・国家主権を侵すISDSが入った

---

(27) 玉田・前掲論文。
(28) TPP参加に際しての国会決議は、農産5品に加えて、残留農薬・食品添加物の基準、遺伝子組み換え食品の表示義務・規制、BSEなど「食の安全・安心及び食料の安定生産を損なわないこと」、「国の主権を損なうようなISD条項に合意しないこと」をうたっている。しかしその後、農産5品を除いて、これらの論点がとりあげられたことはない。

TPPは憲法上結べない[29]。いわんやISDSは論争の最中にあり、「確立された国際法規」とはいえない。

問題があるのは、日本がこれまでに結んだ投資協定やEPA（日本版FTA）のほとんどにISDSが入っていることである。その実害はなかったといわれているが、「訴訟文化の国」アメリカとの関係で今後とも「実害がない」とは決して言えない。そこでアメリカ等とのISDSはいやだが、対途上国向けのISDSは構わないというのでは、加害者になるのはいいが、被害者になるのはイヤといった身勝手になる。

ISDSは1950年代からの古いものだが、問題の根源は、17世紀以来の主権国民国家概念とグローバリゼーションの現実との矛盾、経済的なグローバリゼーションの時代に、そこでの経済的利害を裁くグローバルな制度が整備されておらず、アメリカに好都合な制度が幅をきかせていることである。国際社会が納得するグローバルな制度ができるまではISDSはやめるべきである。

4．TPPの本質――多国籍企業 vs. 諸国民

グローバリゼーションとTPP

このような国民主権をもふみにじって推し進めようとしているグローバリゼーションとは何なのか。「21世紀のグローバリゼーションは、シリコンバレー発のテクノロジー、ウォール街発のガバナンス規範、そしてハリウッド発の映画なのだ」ともいわれる[30]。要するに技術・経済（金融）・文化すべての領域にわたるアメリカ発の「アメリカナイゼーション」ということである。

グローバリゼーションについては、各分野で論じられているが、しかしその根底は経済である[31]。経済的にはグローバル化は「世界規模の資本蓄積

---

(29)「『TPPは憲法より上だから』とはっきり言ったら、日本は憲法があるのに独立国家ではないことがばれてしまう」（内橋克人・A．ビナード「日本国憲法は最高級のレシピ本！」『世界』2013年9月号のビナード発言）。
(30) D．コーン、前掲書、286ページ。

にとって障害となっている物理的国境および規範上の国境を迂回し、切断し、最終的には解体してしまうプロセス」とされる[32]。この「世界規模の資本蓄積」を担うのが多国籍企業・超国家企業である。

しかしながら彼ら自身は競争以外に彼らの間の調整ルールを持たず、この「プロセス」の作業を遂行することはできない。競争の土台・枠組みを作るのはあくまで主権国民国家である。そこで彼らは、その原籍国の主権国民国家、あるいはその連合体としての法的規制力をもった国際機関、WTOやFTAの通商交渉を通じてそれを遂行しようとする。

そこでのターゲットは古い帝国主義にとっての「領土」ではない[33]。彼らはもはや領土をはるかに超えている。そこで争われるのは、誰がルール（スタンダード）を形成するのかというバーチャル空間における帝国主義である。そしてそのルールは、かつての「ものづくり」と物財貿易のルールから、投資、サービス、知的所有権をめぐるルールに重点が移っている。

このような貿易をめぐるルールづくりの場として期待されたのがWTOだ

---

(31) それは変動相場制移行とともに始まった。変動相場制は、第一に資本移動規制の必要性を減じ自由化を促す。第二に、金とのリンクを断ち切ったドルが、にもかかわらず基軸通貨たることによりドルの垂れ流しを可能にし、国際的な過剰資本を形成する。この過剰資本が原動力となって金融自由化を促す。さらに社会主義圏・冷戦体制の崩壊は地球経済の市場経済への一元化をもたらす（それを拒むイスラム経済は武力で排除する）。グローバリゼーションとは「市場経済への一元化」であり、それに技術的基礎を提供するのが情報通信革命であり、そこでグローバルに営業するのが多国籍企業・超国家企業である。
(32) J. ダニ、清水耕一他訳『経済のグローバル化とは何か』ナカニシヤ出版、2006年、5ページ。
(33) アフガニスタンやイラクの領土攻撃、主権国民国家の打倒もあるが、それは「領土」獲得よりも、資源確保と市場経済ルールの暴力的押しつけである。また「領土」が重要性を失なったわけでもない。グローバリゼーションは民族主義を呼び起こし、北東アジアの領土緊張を強め、それがTPPかRCEP（東アジア地域包括経済連携協定、ASEAN10カ国、日中韓、インド、オーストラリア、ニュージーランドの16カ国）かの対立の背景をなしている。

った⁽³⁴⁾。しかしWTOのドーハラウンドは、先進国と新興国とくにインドの農業補助金をめぐる対立から2014年に至り完全に行き詰った。WTOはアメリカ等にとって二つの限界をもつ。第一に、世界中の国が集まってルールづくりをしようとしても、それは先進国対途上国・新興国の対立でうまくいかない。とくに新興国・途上国利害を考慮していたのでは進捗しない。第二に、物財貿易とそのためのものづくりルールが主体では、21世紀型のルールづくりにならない。

　こうして活用がめざされるようになったのがFTA（自由貿易協定）であり、その今日版がTPPだといえる。TPPには新興国・途上国も参加している。しかしWTOと違い世界規模の団結がなければ所詮は押しつぶせる。日米が妥協した場合、新興国等の抵抗もどこまで続かは不明であり、結局はアメリカ市場をエサとした新興国・途上国利害潰しになる。そのようにしてアメリカ主導のルールづくり（アメリカンスタンダードのグローバルスタンダード化）のアジアにおける橋頭堡をつくり、いずれは中国も巻き込んで太平洋スタンダードとし、最終的にはグローバルスタンダードをめざす。フロマンUSTR（通商代表部）代表は、「WTOを先取りする形でTPPなどのFTAが妥協できれば、合意した項目が事実上のグローバルスタンダードになる」としている（日本農業新聞2013年9月13日）。

TPPの本質──多国籍企業と諸国民の対立

　図2-1は、トルコ出身のアメリカの経済学者D．ロドリックの図に筆者が加筆・修正したものである。修正の要点は、ABCは「状態」ないしは「領域」を示し、（　）内にはそれぞれの「主体」を示したことである。Bは原図で

---

(34) WTOは市場志向型であり、各国の多様性を無視してEU流の過度に普遍的なルールを強制する点で問題だが、世界に開かれた「公共性」をもち、それ故に先進国と途上国・新興国利害の調整可能性をもち、文言としては「非貿易的関心事項」を認め、何よりも紛争解決ルールを明確化にした点では評価される。その紛争解決手続きはTPPにおけるISDSよりはるかに中立公平である。

図2-1　世界経済の政治的トリレンマ

```
                    (多国籍企業)
         A   ハイパーグローバリゼーション
              /                    \
    a.黄金の拘束服              C.グローバル
            /                      ガバナンス
           /                          \
        B 国家主権      C 民主政治
         (国民国家)   b.ブレトンウッズの妥協  (国民)
```

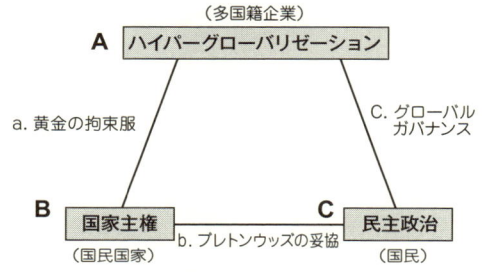

注：D. ロドリック、柴山桂太訳『グローバリゼーション・パラドクス』白水社、2014、214ページの図を修正。

は「国民国家」だが「国家主権」に改めた。多国籍企業はAとBの両領域にまたがり、国民国家の利益（国益）は、多国籍企業の利益と国民の利益に分裂する。ロドリックによると、aはグローバル規律、bは1970年までの固定相場制、資本移動制限を伴うIMF・ガット体制、cは民主的国際機関による統治である。

この図で彼が強調するのは、ABCのうち2つは両立しうるが、3つは同時成立しないということである[35]。すなわちAB（TPPが典型）が成立するとCが侵される。ACが成立しグローバルガバナンスがいきわたればBの出番はなくなる。BCを重視すればAが遅れる。

彼の結論は、AB間のaはグローバル化の行き過ぎ、AC間のcの成立は100年先のことで[36]、当面はBC間のbを「再創造」し、「各国政府がそれぞ

---

[35] これはおそらく固定相場制、自由な資本移動、独立した金融政策の三者は同時成立しないという命題（N. G. マンキュー、足立英之他訳『入門経済学　第2版』東洋経済新報社、2014年）のもじりだろう。

[36] 国際機関等の民主化にかけるのがJ. E. スティグリッツである（楡井浩一訳『世界に格差をバラ撒いたグローバリズムを正す』徳間書店、2006年）。それに対して池島祥文は、国際機関が、市場形成の役割を担いつつ、「現在、加盟国による資金拠出が低調になってきたため、国際機関は資本による資金提供に意欲的」な点を指摘する（『国際機関の政治経済学』京都大学学術出版会、2014年、216ページ）。

れの政策を実行する余地のある国際ルールの薄い層」が「賢いグローバリゼーション」だとする（18ページ）。彼の著はその実行性には及んでいないが、この図で強調したいのは、ABのaを今日的に具現するのがTPPであり、そこでは内外の多国籍企業と諸国民の利益が対立するということである。それは先にISDSや新薬データ保護に係る知的財産権にみてきたとおりである。

通商交渉は国家によりなされるので、表面的には国家vs.国家、あるいは資本vs.国家の様相を呈し、「国益」といった意味不明の言葉がとびかう。20世紀型交渉における日米の「工業（自動車）vs.農業」はその典型でもある。

アメリカ経済が長期衰退傾向をたどるなかで、中国等と拮抗していくためには、たんなる自由競争・生産力競争では勝ち目はない。そこで競争ルールをアメリカ有利に設定する。このアメリカンスタンダードのグローバルスタンダード化戦略に対して（都合によってはアメリカだけをその例外とする）、それぞれのルールをもつ主権国家は当然に対立する。

しかし21世紀型交渉における真の対立は、国家次元で言えば「先進国vs.新興国・途上国」であり、さらには「多国籍企業vs.諸国民」である。「諸国民」には先進国のそれも含まれる。

グローバリゼーションとグローバリズムは異なる[37]。後者は「世界干渉主義」「世界覇権主義」というイデオロギーであり、前者は客観的に進む人類史の方向である。残念ながら現実には前者は後者を通じてしか進行しない。今日のポスト冷戦グローバリゼーションは、アメリカンスタンダードのグローバルスタンダード化として進行している。国民レベルからそれを是とするのかが問われている。

---

(37) 手元の1980年初版の英和中辞書にはグローバリズムはあってもグローバリゼーションはない。最近では「オールタナティブ・グローバリズム」などという言葉が氾濫する書などがあり、驚かされる。

第**3**章

食糧管理と生産調整政策

はじめに

　2013年12月の「農林水産業・地域の活力創造プラン」は、米の「行政による生産目標数量の配分」を5年後を目途に廃止することとした。それは生産調整政策の廃止を意味する。生産調整政策の廃止は、諸外国からは、前章でみたように日本がTPPにおける米の「聖域」はずしに踏み切ったとみられた。なぜなら海外から安い米が入るようになれば生産調整政策は無効になるからである。そのTPPは前章でみたようになお大筋合意に至らず、生産調整政策の廃止だけが残った。TPPの如何にかかわらず米価のさらなる下落が始まる。

　図0-1でみたように、生産調整政策の廃止は「戦後レジームからの脱却農政」の起点的位置にたつ。そこで本章は、生産調整政策の長い歴史を顧みつつ、その本質や機能を明らかにし、廃止の妥当性の如何を検証したい。その基本視角はタイトルの通り、食糧管理政策と生産調整政策の表裏一体性にある。

　第1節では20世紀の生産調整政策、第2節で21世紀のそれを扱い、第3節で論点を整理する。

第1節　20世紀の生産調整政策

はじめに——時期区分

　20世紀の政策展開を**表3-1**のように5期に分ける[1]。1期は開始期、2期は展開期、3期は転換期、4期は弛緩期、5期は解体期である。以下では

表3-1　米の生産調整政策の推移（1期～4期）

時期区分	政策の名称	期間	目標面積（千ha）	実績／水田面積（％）	転作／実績（％）	奨励・助成金／10a（円）	左の基準年
1期	①稲作転換政策	1971～75年	547～224	17.2	51.2	32,185	1973年
	②水田総合利用対策	76～77	215～215	6.8	90.6	44,317	77
2期	③水田利用再編対策（1期）	78～80	391～535	15.3	87.9	60,477	79
	（2期）	81～83	631～600	22.3	88.7	53,737	82
	（3期）	84～86	600～600	20.1	80.8	40,260	85
3期	④水田農業確立対策（前期）	87～89	770～770	27.5	75.3	23,257	88
	（後期）	90～92	830～700	30.2	68.9	18,703	91
	⑤水田営農活性化対策	93～95	676～680	21.3	59.8	11,294	94
4期	⑥新生産調整政策	96～97	787～787	29.5	66.4	19,401	97
	⑦緊急生産調整政策	98～99	963	36.1	56.4	12,890	99
	⑧水田農業経営確立対策	200～03	963～1,010	36.7	58.1	19,120	2000

注1．農水省資料による。
　2．拙著『農業・食料問題入門』（大月書店、2012年）186ページの表に加筆。

政策名は**表3-1**の①②の番号でしめす。第2期は生産調整政策の華の時期である。第3期は政策の主体、性格の面での転換（過渡）期である。第4期は食糧法下で生産調整政策の実効性が失せていく時期である（第5期は次節）。

1．第1期（1968～77年）開始期

前史

　農業基本法の策定当時、既に米が「早晩過剰になることが予測」[2]されていた。しかし立案者達は、アメリカ流の作付け制限は「行政的にはなはだ困難」で「反収増で供給がかえって増加すること」もあり、「わが国の農業構造からみればなおさらこの方法は困難」であり、価格による需給均衡を是とし、所得は不足払いや作付け補助によるべし、とした[3]。

（1）荒幡克己『米生産調整の経済分析』農林統計出版、2013年、44ページ。
（2）農林漁業基本問題調査事務局監修『農業の基本問題と基本対策　解説編』1960年、農林統計協会、34ページ、81ページ。基本問題調査会が過剰を予測していなかったかの理解もあるが（「減反見直しの行方」日本経済新聞2014年1月24日）、それは間違いである。

しかしその後の米需給は不足と緩和が交互に現れる極端に不安定な状態にあり、農業・農政はそれに翻弄され続ける。そして1967年には突如、1,445万tもの大増産になり、70年の古米持越しは720万tに達し、食管赤字は3,545億円、農林予算の49％に達し、農政を機能不全においこんだ。

過剰の主因は反収増である。開田は壊廃をカバーする程度で、1960～69年の水田作付面積はほとんど変わらない。それに対し水稲反収は66年までの400kg水準から67年以降の450kg水準に段階的に伸びている。

この米過剰の発生は、基本法農政から総合農政への転換をもたらした。68年「総合農政の展開について」が発せられ、食管制度の改変を俎上にのせた。総合農政の「総合」は農業生産の総合化、いいかえれば米作の相対化を含意していた。69年農政審は、生産調整について3案併記した。休耕・所得補償、生産者米価引き下げ、米の買い入れ制限である。農協系統が最も恐れたのは米の販路を失う買入制限であり、「農家が販売するコメの全量を農協に集荷することが食管制度堅持の道に通ずる」という立場をとり、生産調整政策に協力することにした。

しかし生産調整政策は、「古典的な全量集荷、全量配給という環境ではとてもできるような状況ではなかった」[4]。そこで導入されたのが自主流通米制度だった。自主流通米は政府管理の枠内で政府を通さないで「自主流通」する米で、以降、食管制度を内部から掘り崩していく鬼子になっていく。

農協系統は、生産調整の奨励金や自主流通米の流通促進奨励金の確保に力をいれていくが、70年末には恐れていた米の買入制限も導入されてしまい[5]、そこで発生する予約限度数量超過米（余り米）は自由米としてさらに食管制

（3）同上、97ページ。
（4）全糧連『自主流通10年の歩み』1979年、284ページにおける檜垣徳太郎（当時の食糧庁長官）の発言。拙著『食料主権』日本経済評論社、1998年、第2章を参照。
（5）買入制限は食管法違反を懸念されたが、「解釈の革命」で乗り切った。東畑四郎『昭和農政談』家の光協会、1980年、180ページ。

度を掘り崩していくことになった。

　過剰下での生産者米価の対前年引き上げ率は、67年は9.2％だったが、68年5.9％に抑えられ、69年には据え置きになった。70年は0.2％増だが、別途、良質米奨励金が手当てされた。政府米価は生産費・所得補償方式の下で、10ａあたりの平均生産費を〈平均反収−1標準偏差〉で除すという形で限界地生産費に基づいて決められてきたが、69年は0.56標準偏差に差し替えられ、70年には平均反収に差し替えられた。需給均衡を前提とした農業に固有の限界原理は過剰の下では成り立たないとして、工業と同じ平均原理に差し替えられたのである[6]。

　以上の措置を踏まえつつ、並行して、1969年に新規開田の抑制と稲作転換パイロット事業、70年には「総合農政」の開始とともに、100万ｔの休耕・転作・通年施工（10ａ3.5万円の奨励補助金）と50万ｔの水田転用（11.8万ha、田中角栄幹事長の発案）が決められた。

　当時は並行して、農業者年金による離農促進、改正都市計画法による農地の都市的利用への転換、農村工業導入による農業者の転業促進が図られた[7]。先進国の現代農業問題としての「過剰」が日本にも及び、人・農地・農産物を過剰にしていくのである。

生産調整政策の開始

　1971年から「単年度の米の需給をはかることを基本に、5カ年で米の生産調整および稲作転換対策が実施に移された」[8]。政策の発足当初から単年度需給均衡論がとられていたことが注目される。天候に左右される農産物の単年度需給均衡は無理であり、はじめから現実性を欠いた政策だったともい

（6）拙著『農業・食料問題入門』大月書店、2012年、181ページ。
（7）以下、ことわらない限り『農林水産省百年史　下巻』1981年、農林統計協会、第2章二、吉田修『自民党農政史』大成出版社、2012年、等によるところが多い。
（8）同上『農林水産省百年史　下巻』362ページ。

える。

　実績を71～73年平均でみると、実施面積55.6万ha、うち休耕が52％と過半を占めた（農業白書による。奨励金は普通転作10ａ3.5万円、休耕3万円で、後者は74年に打ち切り）。休耕は「減反」という言葉を定着させ、それに伴う所得補てんは先の農政審が打ち出したものだが、その後の生産調整政策の一面を規定するものになった。

　また68～69年までの過剰米処理（工業用、輸出用、飼料用、韓国貸付け）は739万ｔで、1兆円を要した（第二次過剰処理は79年から5年にわたり約600万ｔ、2兆円）。

　政策を開始した71年の作況指数は皮肉にも93と54年来の不作だった。73年には世界的食糧危機が発生した。74年には古米持越し量も100万ｔを切り、需給は引き締まった。

　しかし米の世界では大きな変化が起こっていた。1974・75年は農協の米価闘争がピークに達し、幹部は大衆闘争から密室での農水省とのボス交渉に転じた。74年あたりから農家庭先価格で自主流通米が政府米を上回るようになった。政府は76年には5年で政府米価の売買逆ザヤの解消をめざし、買入価格より売渡価格の伸び率を高くした。

　次期対策②は75年に取りまとめられた。その背景には食糧危機を踏まえて食糧自給力を高める総合食糧政策の樹立があった。また「省の内外を通じ過剰問題については楽観的な見方が支配的」[9]だった。76年は北海道、東北をはじめとする冷害で作況指数は94に落ち込んだ。このようななかで生産調整面積も50万ha台から74年の31万ha、75年の26万haへと縮小した。

　対策の特徴としては、水田総合利用・自給力向上から目標配分を転作面積ベースに改め、配分を一律に義務付けないガイドライン的性格とし、政府持越在庫の目標の200万ｔへの引上げ等があった。76年は目標面積の減にもかかわらず、北海道の転作減をはじめとして生産調整の達成率は91％で「転作

（9）同上、377ページ。

推進それ自体が容易ならざる局面に立ち入っていることが明らかになった」[10]。

2．第2期（1978～86年）展開期

休耕から転作へ

　こうして生産調整が緩められるとたちまち持ち越し在庫が急増しだし、78年は作況指数108という史上5位の大豊作だった。そこでおおむね10年を実施期間として対策③が打ちだされたが、それは「抜本的な対策である以上、緊急避難的な生産調整対策として構成するのは困難」であり、「あくまでも長期的視点に立って農業生産の再構成をはかる」「兼業化の進行という農業構造のあり方にかかわる根の深い問題であることを考慮し、構造政策的な視点からする配慮」を要した[11]。すなわち「米の需給を均衡させつつ農産物の総合的な自給力の向上」と「農地利用の中核農家への集積とその高度利用」を図り、「需要の動向に安定的に対応しうる農業生産構造の確立を期する」（77年省議決定）。ちなみに78年は農林省が農林水産省に改名した年でもあった。

　この期の詳細は他に譲り[12]、特徴的な点のみを記す。

　生産調整政策は「緊急避難的」なものから「抜本的・構造的」なものへ転換した。それに伴い政策目的もa．需給調整、b．自給力向上、c．構造政策・中核農家への集積に重層化する。cは生産調整政策をテコに構造政策・農地集積を果たすという意味合いとともに、引用文にも明らかなように、過剰の一因を兼業農家の存在に求め、その農地を中核農家に集積することによって過剰が解消されるかの理解（構造政策を生産調整政策の手段とする）が込められている。これは今日の生産調整廃止論に通じる論理でもある。

　今期には生産調整の実績面積に占める転作の割合はピークで89％に達した、

---

(10)同上、379ページ。
(11)同上、381ページ。
(12)拙稿「水田利用再編対策の政策分析」食糧政策研究会編『日本の食糧と食管制度』日本経済評論社、1987年、梶井功「食糧管理制度と米需給」梶井功・藤谷築次編『農産物過剰』明文書房、1981年。

「転作の時代」だった。作目的には自給率が低く転作面積を消化できる土地利用型作物の大豆、麦、飼料作、そば等が「特定作物」として高い奨励金を支払われた。実際の作目割合は期央の82年についてみれば、飼料作29％、麦19％、大豆16％、野菜18％である。地域的には、北陸、東海、近畿、北海道、関東は麦、東北、九州は飼料作が多く、関東と中四国では野菜もみられた。

　転作奨励金の水準の基本額は「10ａ当たりの基準収穫量に応じて」(78年通達) 支払われ、実額で78年6.5万円、83年で5.5万円であり、稲作所得に対する割合は、各70％と78％だった (農林省「水田利用再編対策と農家経済の関連分析調査結果」各年版)。対策③は転作を建前としつつも、そのためのインセンティブは水稲所得補償的、いいかえれば減反＝休耕補償的だった。**表3-1**にみるように奨励金の水準は最高だった。

地域ぐるみの取組み

　対策③は「公平性」の名目で、ペナルティ措置を強めた (未達成分の次年度加算、未達分の申し込み限度数量からの差し引き)。このような強権的な性格とともに、「地域ぐるみ」という「社会的圧力」に強く依存した。

　ペナルティと「地域ぐるみ」は相互補完的である。すなわちペナルティがきついほど「転作しないと集落に迷惑がかかる」(「迷惑がかかる」にはペナルティ以上に加算金がもらえないという事情が加わる)。要するに江戸時代の年貢の村請制、あるいは戦中戦後の供出制 (マイナスの供出制) と同じ発想である。

　「地域ぐるみ」の理由は、ａ．日本の分散錯圃水田では休耕はバラバラにできるが、転作は面的に行う必要がある。ｂ．分散錯圃を面的にまとめるには地縁組織が必要である。ｃ．地域ぐるみの参加には利害調整が必要である。このような機能を担ったのは末端では「むら」(農業集落) であり、制度態としては農協だった。

　ｃについては交換耕作(水稲を作りたい者と転作してもよい者の水田交換)やブロックローテーションという転作場所による調整や互助 (とも補償) 制

度等がとられた。前者も後者を伴いうる。とも補償は、地域内で農業者相互に一種の「水稲作付権」を認め合うものともいえる。

互助制度には、転作割当面積の過不足分について当事者間で金銭授受する方式と、全水田からの拠出金を転作田に支払う方式がある。概して自作形態が健在な地域は前者が、階層分解が進んでいる地域では後者がとられる。その水準は、全国平均で1979年27千円、83年で32千円（全中調査）、稲作所得に対する割合は各35％、45％だった。絶対額は東北・北陸で最高、北海道・中四国で最低だった。

この水準を先の転作奨励金と合わせると稲作所得の110～120％に相当する。要するに転作収入はゼロ扱いであり、稲作所得に対してはプレミアムが付く。転作の実態・経済面での扱いは「捨て作り」だった。

「地域ぐるみ」の頂点にたつのは全戸加入の農協だった。農協は、「むら」の集団転作や互助制度の組成を支援（指導）する立場に立ち、あるいは広域なブロックローテーションの仕掛け人となり（佐賀県が典型）、麦・大豆のための施設整備の補助金の受け皿になった。生産調整の消極的「協力者」だったはずの農協は、79年には「自主調整」と称して78年実績の10％上積み達成、82年にも「米需給均衡化対策」による転作超過達成への取り組みを強めるなど[13]、「第二農水省化」と揶揄されるに至った。

食管制度の再検討

78年は日本の集中豪雨的な対米輸出を背景に牛肉・オレンジの自由化交渉がし烈化し、次は「米の自由化の番か」と思わせる時代だった。

食管再検討の声は既に1960年代後半から強まっていたが、今期にはそれが再燃し、80年には財界シンクタンクの日経調「食管制度の抜本的改正」が、政府管理を200万tに限定する部分管理論を提起した（日経調は1965年にも食管制度の抜本改正、米作中心主義と所得補償方式の撤廃を提案していた）。

---

(13)『JA全中五十年史』2006年、73、162ページ。

これは農林省に71年に設けられた米穀管理研究会がとりまとめた4類型案の一つの焼き直しに過ぎなかったが、折からの規制緩和政策の下で脚光を浴びた。

それに対し農政は80年農政審答申で食管「制度の根幹は維持しつつ……過剰、不足のいずれの需給事情下でも弾力的に対応」する方向付けを行った。1980年は作況指数87という凶作だった。同年、臨調圧力の下で食管法が改正されたが、「誰でも守れる食管法」を標榜しつつ縁故米・贈答米の合法化等による自由米流通の排除を狙ったものに過ぎなかった。

81〜83年に臨調答申が相次ぎ、コスト逆ザヤの縮小、自主流通米の量的拡大、生産調整の奨励金依存からの脱却、米全量管理方式の見直し、良質米奨励金の引き下げを要求した。

82年産米価については、政府は潜在需給ギャップ反映必要量方式（需要量のみの平均生産費）か、1ha以上作付農家の平均生産費かを農業団体に迫り、1.1％アップに抑えた[14]。

なお82年から他用途利用米の生産が転作面積の内数として認められるようになった。転作の行き詰まりと、転作に名を借りた米のディスカウントが始まったのである。

さらに今期末の1986年にはプラザ合意により超円高化が始まった。それは内外価格差を拡大し、国内農産物の割高感を強めた。プラザ合意・円高を受けた「前川レポート」は、農産物輸入による貿易黒字減らしを狙った。臨調最終答申は生産者米価の抑制、コスト逆ザヤの解消、自主流通米助成の縮減、自主流通米比率の向上など、食管制度を狙い撃ちした。

米審は政府米の引き下げを答申したが、衆参同日選挙を控えて農協系統は据え置き要求を貫徹し、農業・農協攻撃に火をつけた。11月には農政審報告「21世紀に向けての農政の基本方向」が答申され、「生産者・生産者団体の主体的責任を持った取組みを基礎に、生産者団体と行政が一体となって、米の

---

(14)拙著『食料主権』（前掲）51ページ。

需給均衡化を強力に推進」、「自主流通米に比重を置いた米流通の実現」をうたった[15]。

「生産者・生産者団体の主体的責任」「生産者団体と行政が一体」「自主流通米に比重」という農政審報告はグローバル化期の農政の基調を打ち出した。それは今期における米流通の実態を追認するものでもあった。すなわち政府米が据え置きに転じるなかで、自主流通米の価格は上昇傾向をみせ、加えて良質米奨励金に支えられて自主流通米は政府米と拮抗するようになり、漸増する自由米と合わせれば多数を制するようになっていた。要するに、自主流通米の比重増大と農協主体の生産調整への移行要求がパラレルに進んだのである。

今期の終わりの86年にはガット・ウルグアイラウンド（UR）が始まり、海外からも米自由化が求められるようになった。

転作定着と構造政策効果

今期は半世紀にわたる生産調整政策の華だった。最も真摯に転作が追及され、そのための体制づくりもなされた。しかし全中調査（84年）によれば「定着化割合10％未満」というのが、麦70％、大豆69％、飼料作物60％も占め、きわめて低調だった。小規模な野菜は46％だったが、土地利用型転作物の定着は厳しかった。

農政は転作定着とともに構造政策の進展をめざしていた。生産調整は農業構造を動かしたか。結論的に言えばミクロでは動かしたが、マクロでは否だった。農業構造がマクロにかかわるものだとすれば否と言える。

ミクロ（事例）の面では、水稲作なら作業委託しつつ「自作」できた下層兼業農家も、転作能力には欠け、集団転作できない場合には少なくとも転作部分を委託せざるをえなかった。強制転作に嫌気のさした農家の、中規模層までわたる離農を促した。ブロックローテーションに多くの水田がかかった

---

(15) 拙著『日本に農業はいらないか』大月書店、1987年、Ⅰ-三。

農家が、一時のつもりで兼業に出てそのまま定着してしまった。中核農家は転作受託や転作田借入を通じて実質的な規模拡大ができた。しかし水田を借りても一定割合の転作がつきまとうために、上向意欲は外延的拡大を図るよりも複合経営化に向かった。

しかしマクロ的には、今期、農家の規模階層別にみた増減分岐点は2.5haで動かなかった。その前後には見られない停滞期だったといえる。「現在の農政には出口がないな」とある次官経験者は嘆いたが[16]、もっとも出口がないのが生産調整政策だった。

しかし生産調整は農業構造に確実にボディーブローを食らわせていた。それは高齢化と相まって次期以降にじわじわと効いてくる負の効果だった。そしてまた大規模転作の受け手としての新たな担い手層も形成されてくる。

3. 第3期（1987〜95年）転換期

政策環境

転作という前向き生産調整政策は前期をもって潰えた。87年から対策④が6年の期間で開始されるが、対策⑤の3年間と合わせてみていく。

今期は政策環境から入った方がわかりやすい。国際環境としては86年にURが開始された。そこで米が自由化されれば生産調整政策は前提条件を失うことになる。87年には政府米価における売買逆ザヤが解消された。この時、食管法は「生産者の再生産」と「家計の安定」の2つの目的のうち、後者を切り捨て、後の食糧法への道を開いた。政府米の価格は引き下げられ、横ばいの自主流通米との価格差が強まり、流通に占める割合は急落し、自由米以下の存在となり、米流通は完全に自主流通米・自由米の世界になる（図3-1）。86年の臨調、前川レポート、農政審の、米に対する連係プレーは前述のとおりである。すなわち自主流通米主体の流通、その奨励金依存からの脱却、生産調整における農協等の主体的責任と補助金依存からの脱却である。

---

[16] 沢辺守「臨調答申と農政の方向」『日本農業の動き』59号、1981年、105ページ。

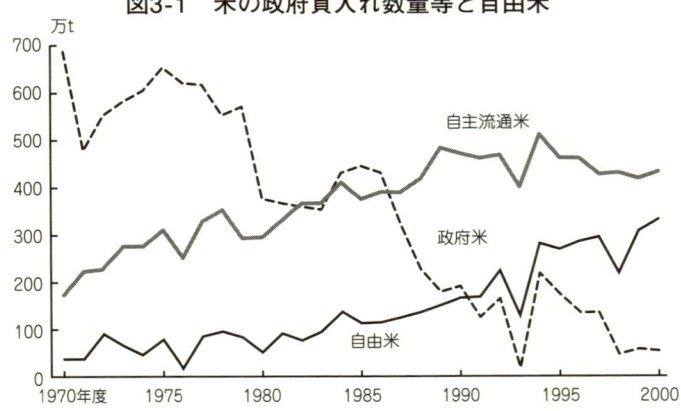

図3-1 米の政府買入れ数量等と自由米

注 1. 1988年までの自由米＝（生産量－政府米－自主流通米－翌米穀年度の生産者の米消費量－53万 t）。
2. 政府米と自主流通米は食糧庁『米価に関する資料』の「政府買入数量等」。
3. 表3-1に同じ。183ページより引用。

　87年、経団連「米をめぐる問題についての報告」は、二期に分けて食管改革を提起し、一期は部分管理への移行準備期とし、二期は部分管理期として自主流通米を政府管理から外し、転作奨励金を廃止して自主転作とする、とした。経済同友会も政府米100万 t の部分管理論を打ち出した。

　それらに対して食糧庁の米流通研究会報告は、①3〜5年で自主流通米の比率を6割程度にすること[17]、②米流通業者の業務区域の拡大、③生産者・消費者が直接取引する特別栽培米の導入を決めた（農協共販の部分否定）。なかでも①は決定的だった。

　これらの外枠を決められるなかで、しかも対策③で政策の切り札を使い切った後で、いったい何ができるというのか。とはいえ過剰下で生産調整政策を続けるしかない。そこで、①転作目標を60万ha台から実質80万ha台に引

---

[17] これらに伴い自主流通米の価格決定の場として、1990年に自主流通米価格形成機構、95年に自主流通米価格形成センター、2004年にはコメ価格センターが設立されたが、取引数量減で2011年に廃止された。

き上げ、他用途利用米も拡大する（転作の限界１）、②配分は稲作の生産性、担い手のウエイトなど構造的要素を入れ、かつ主産地に配慮する。③配分は行政と農協等の共同責任で行う（過渡期性）、④補助金体系において飼料米や地力増進作物を一般作物として認める、⑤ペナルティ強化（未達分の次年度積み増し継続、助成や施策における差別）、⑥政府の持越し在庫を150万tに限定し、自主流通米・超過米の自主調整保管を行う（農協食管への移行）、等が主要な柱である。

　それに対して全中は「食管制度の崩壊につながるような事態を避けるため」自主調整保管に取り組むことが極めて重要として、そのために全販売農家から１俵64円の費用徴収することとした。食管制度を維持するために農協がますます政府の肩代わりをしていくというジレンマである。

構造政策と農協

　今期の生産調整政策のポイントは構造政策要素と農協要素であり、それを結ぶのが補助金体系である。すなわち一般作物（麦・大豆・飼料作物等）で基本額を10a当たり２万円におさえ、生産性向上加算２万円と地域営農加算１万円を付ける。２万円は規模拡大・生産組織・団地形成・畜産複合・産地形成・畑転換で、構造政策の追及を主としたものである。

　１万円は農協等が中心となって転作田10aあたり１万円以上の互助（とも補償）金を積み立てた場合の補助金で、農協が前面に出されるとともに、「とも補償」という本来は地域の互助制度に国が乗っかる。生産性向上加算のなかの産地形成加算も農協指定作物（１農協１作物）の系統出荷促進という農協要素が入る。つまり生産調整政策の行き詰まりを見越して、構造政策へのシフトと農協肩代わりを進めるものだといえる。今期を「転換期」とした所以である。

　この期に強調されたものに「地域輪作農法」がある[18]。「水田農業確立

---

(18) 荒幡克己『米生産調整の経済分析』（前掲）58～59ページ。

対策は、稲作、転作を通ずる生産性の向上及び水稲と転作作物等を合理的に組み合わせた地域輪作農法の確立によって水田農業全体の体質を強化することを主要な目的としている」（昭和62年度農業白書）。この場合の「地域」は通常は集落、大字（藩政村）単位とされているが、それは技術的単位であり、仕掛けは農協ないしは農協支店であり、補助金における地域営農加算にリンクするものとみるべきだろう。そして技術的単位としては、荒幡が指摘するように「輪作年数は、農法的合理性ではなく、減反率によって決まってしまうのである」。

今期末の92年、農水省はURでの米自由化をにらんで「新しい食料・農業・農村政策の方向」を打ち出した。そこでは「将来の米の生産調整については、市場で形成される価格指標やコスト条件などを考慮して、経営体の主体的判断により行い得るような仕組みとする方向」とした。すなわち選択的生産調整論の提起である。また次期対策については「行政の関与の下で生産者団体を核とした取組みや地域の自主性の尊重」をうたった。具体的に「転作営農を取り込んだ規模の大きな農業経営体の育成・助長」と構造政策が強調された。

対策⑤は、「生産者・生産者団体の主体的取組を基礎に」（平成6年度農業白書）に実施された。「水稲生産力の維持・保全等の観点から、水を張ることにより水田を管理する調整水田を新たな転作等の手法に位置づけ」た（同）。転作から休耕への先祖返り傾向である（転作の限界2）。補助金等は93年には757億円とピーク時（82年）の2割にまで下がり、全期を通じて最低になった。

93年の作況指数74という大冷害と260万tにおよぶ米の緊急輸入を背景として、調整面積もふたたび60万ha台に引き下げられた。大量輸入はURにおける米自給堅持の主張を崩し、URの合意に伴うミニマム・アクセス（MA）米の輸入は食管法自体を失効させた。

4．第4期（1996～2003年）弛緩期

食糧法の制定

　94年農政審報告「新たな国際環境に対応した農政の展開方向」は、新たな米管理システムの構築をメインテーマとし、生産者の自主的判断に基づいた生産調整への移行、強制感を伴う現行方式の見直し、政府米の機能は備蓄等に限定する、政府米価格は需給調整の実効性確保に留意すべきとし、「現行食糧管理法にこだわらず、新たな法体系を整備すべき」とした。20回JA大会も「現行食管制度を見直し、改革する必要」があるとし、4半世紀に及ぶ「食管堅持」の旗をあっさり引き下ろしつつ、新法の下で農協の集荷独占を図ろうとした。

　食管法に係る「新たな国際環境」とはいうまでもなく前述のMA米の受け入れである。食管法はそれまでにも全量売渡・買入義務、二重米価制、流通ルートの特定といった原型を形骸化させてきていた。最後に独占国家貿易が残ったが、相手国が輸出する限り輸入せざるをえないMA米の受け入れはその原則に反するもので、ここに食管法は廃止されざるをえなかった。

　代わって94年12月に制定された「主要食糧の需給及び価格の安定に関する法律」（以下、食糧法）は、米麦が「主食」であることにかんがみ、その適正・円滑な流通確保と政府の買入れ・輸入・売渡を通じて「主要食糧の需給及び価格の安定」を図ることを目的とし、そのために政府は「米穀の需給の的確な見通しを策定し」、「米穀の需給の安定を図るための生産調整の円滑な推進」、備蓄等を行う、とした。生産調整は「生産者の自主的な努力を支援することを旨」とするとともに[19]、「水田における稲以外の作物の振興に関する施策」を行う。生産出荷団体等は生産調整に関する指針を作成し、生産数量目標を設定し、国は助言・指導・認定する。生産出荷団体等は地方公共団体に必要

---

[19] この「支援」（enable）という言葉に折からの新自由主義下の、国家が福祉政策から身を引く「支援国家」論の発想がにじみ出ている。

な協力を求めるとされている。

　食管法の「食糧ヲ管理」「流通ノ規制」(81年改正前は「配給ノ統制」) という言葉は消え、「需給及び価格の安定」「適正かつ円滑な流通を確保」に変えられた。食管法の大元になっていた生産者の政府への売渡義務は廃止され、出荷・販売を行う者は届け出制に変えられ、流通は自由化した。

　流通自由化の下での「需給及び価格の安定」は生産調整と備蓄を主な手段とするが、政府の買入は生産目標数量の完全達成者から備蓄を目的としてのみ行われ、備蓄は民間も含めて150万tを基本とするので、伸縮性をもった生産調整が事実上唯一の「需給及び価格の安定」の手段とされた。生産調整は、生産出荷団体が生産調整方針を定め、「生産者の自主的な努力」でなされるものとされ、政府は助言・指導・認定、転作物の振興施策(転作奨励金)しか講じない。しかしその振興施策については、既に臨調が「奨励金依存からの早期脱却」と枠をはめていた。

　WTO農業協定ではストレートな価格支持政策は削減対象にされるが、生産調整を前提とする直接支払は「青の政策」として削減対象外になる。生産調整政策は間接的な形で価格政策を継続する意味をもちえたともいえる。

食糧法下の生産調整

　かくして生産調整は食管法の黒子から食糧法の主役に押し上げられたが、いわば二階に上がって梯子をはずされた状況にある。そもそも流通を自由化しつつ、需給と価格の安定を図る基本設計が狂っていた。

　食糧法下の対策⑥については、平成8年度農業白書は、目標を10.7万ha引上げて78.7万haとした。実施(達成)率は100％になったが、自給的農家の多い12府県で未達があり、北陸・東北をはじめとして95年度に設けられた調整水田が倍に増えた、としている。政策的には「生産者の自主的な努力」の象徴としての「とも補償」の助成拡大がなされた程度に終わった。達成率100％というのは、74年、76年の未達を除けば最低だった。図3-2にみるように96年から米価は急落しはじめ、生産費を下回るに至り、「需給及び価格

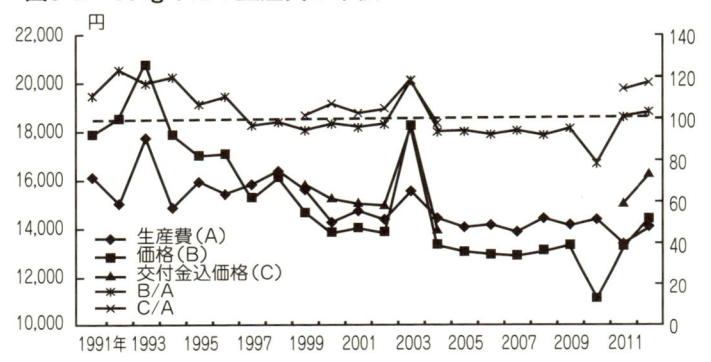

図3-2　60kgあたり生産費と米価

注　1．米生産費調査による。
　　2．Aは支払利子・地代込生産費。
　　3．Bは主産物価格、Cは稲作経営安定対策てん金、戸別所得交付金込の価格（副産物収入を含む）。

の安定に関する法律」が「不安定に関する法律」であることが初年度から暴露されてしまったといえる。

　それに対して政府は97年11月に「新たな米政策」を打ち出した。それが対策⑦で、目標面積を史上最大の96.3万haに拡大する。新たに全国とも補償制度を導入する。生産者と政府が折半して資金造成し（農家は10a 3,000円）、生産調整達成者に10a 4千～2.5万円を払う。政府全額負担で地域集団加入促進5千円を払う。生産調整達成者には水田営農確立助成金10a 2千～2万円を払う。これらを合わせた最高額は5万円になる。さらに水田麦・大豆・飼料作物の生産振興緊急対策10a 5千～1.7万円を払う。

　同時に稲作経営安定対策が開始されるが、これについては後述する。

　このような転作手当てにもかかわらず、対策⑦の達成率は99％にとどまり、対策⑧に至っても100％すれすれだった。それは生産調整の地域傾斜配分と全国とも補償の矛盾が一因である。すなわち自主流通米比率の高い東北・北陸、そして滋賀・佐賀・三重、京都等の単作地帯の生産調整割当率が低いのに対して、西日本からは、「とも補償」金拠出は東日本の自主流通米価格を

支えるためだという不満が出され、東日本からすれば「多く拠出して少なく受けるのでないか」という不満が出された。また生産調整参加農家の拠出による価格維持は、その効果があるとすればそれは不参加農家にも及ぶため、フリーライダーに対する不公平感を強めた。

　生産調整の態様をみると、実績に占める転作の割合は60％を切って最低となり、自己保全管理、調整水田、実績参入が前期から急増した。今期には多面的機能水田（景観形成等）が加わった（転作の限界3）。97年から98年の実績増の58％は転作が担ったが、残りは転作以外によっている。

　1999年の「水田を中心とした土地利用型農業活性化対策」に基づき対策⑧が講じられ、最高7.5万円の助成を打ち出したが、それを確保できるのは一部経営に限定され、助成金総額を目標面積で割れば10aあたり1.5万円でピーク時の1/4に下がっている。

　米価下落がとまらないもとで2000年には「緊急総合米対策」がだされ（「緊急」の常態化）、持ち越し在庫75万tの援助用隔離、生産オーバー分の飼料用処理見合い（農協が政府に販売し古米を買い戻す）、生産調整5万ha拡大見合いの政府買い入れ、農協調整保管、生産オーバー分を青刈りする需給調整水田等の措置をとった。そこには過剰分の政府買入や棚上げ備蓄など、生産調整という事前的需給調整だけでは対応できない過剰に対する事後的調整手法の芽生えが感じられもするが、あくまで「緊急」に過ぎなかった[20]。

　平成13年度農業白書は、「米の生産調整は、大幅な需給不均衡があるなかで、作付けを抑制することにより生産量を抑制するものであり、米の需給調整を図るための基本的な政策手段」としつつ、「面積ベースでは、ほぼ毎年目標面積が達成されているものの、豊作等により生産調整の拡大の効果が減殺され、需給均衡を図りがた」く、「生産調整に対する限界感」「不公平感が増大して」おり、「生産調整手法等の検討が必要になっている」とした。

---

(20) 拙著『日本に農業は生き残れるか』大月書店、2001年、63ページ。

経営安定対策の登場

　前述のように97年「新たな米政策」で、稲作経営安定対策（「稲経」）が打ち出される。生産者が産地銘柄ごとの基準価格（過去３年移動平均）の２％、政府が６％を積み立て、基準価格と当該年価格の差額の８割を目標達成者に支払うというものである（価格の８％の積み立てによる８割補てんは価格１割減までしか対応できない）。

　同対策は、過去の市場価格平均を基準とするので、それ自体として価格支持効果をもたず、価格下落時に補償額が下がりかねない。そこで2000年産の基準価格の算定には前年産価格補てん金込みにし、2001年には基準価格を据え置くことにした。これが恒常化すれば不足払い制度に転換するが、2001年９月には固定措置は取りやめられ、時の食糧庁長官は次官への道を断たれた[21]。なお2003年には食糧庁そのものが廃止され、その機能は各局に分散された。

　稲作経営安定対策の登場は、生産調整政策が需給・価格安定効果を失うなかで、直接に価格下落を補てんする政策が別途必要とされだした点で政策の画期をなす。

　この時期、米のみならず「新たな麦政策大綱」（98年）、「新たな大豆対策大綱」（99年）と矢継ぎ早に経営安定対策がとられていく。たとえば麦については政府買入をやめて加工企業との直接取引とし、その民間流通価格と主産地の平均以上経営の生産費との差額の８割を国と生産者の拠出で補てんするものである。それらは稲経も含め、WTO新ラウンドの開始を控えて、WTO農業協定における削減対象である「黄の政策」からの脱却、価格政策から直接支払政策への転換を模索するものだった[22]。

---

(21)「日本農業新聞」2000年12月23日。
(22)拙著『日本に農業は生き残れるか』（前掲）、第２章を参照。

第2節　21世紀の生産調整政策

はじめに──時期区分

　前節における対策⑧は2003年までを含み、21世紀にくいこんでいた。しかし21世紀初の農業白書は、生産調整の効果が失われ、限界感が強まり、「生産調整手法等の検討」の要を説いていた。世紀とともに同政策も転換期にあった。

　折から日本は政権交代期に入った。それに伴い農政も政局によってめまぐるしく変わる「政局農政」となり、米価と生産調整政策はその一つの焦点になった。そこで以下では21世紀を政権によって時期区分することにする。すなわち1．自民党農政期（～2009年）、2．民主党農政期（～2012年)、3．自民党農政期（2013年～）である。

1．米政策改革と生産調整政策──自民党政権

米政策改革

　1990年代末に米・麦・大豆・加工原料乳等の品目別経営安定対策がでそろったのを踏まえて、2000年3月の基本計画は「育成すべき農業経営を個々の品目を通してではなく、経営全体として捉え、その経営の安定を図る観点から、価格変動に伴う農業収入または所得の変動を緩和する仕組」すなわち収入保険への移行を打ち出した。また「農業構造の展望」では、2010年度までに農地利用の6割を「効率的かつ安定的経営」に集積することとした。

　2000年末、自民党は、40万程度（基本計画では2010年に家族農業経営33～37万、法人・生産組織3～4万）の「育成すべき経営体」を対象に固定支払や収入保険等の手法で他産業並みの生涯所得を確保し、「効率的かつ安定的経営」に到達させるとした。

　現行の経営所得安定対策は、作目別であることや生産量や価格へのリンクが、WTO協定上「緑の政策」とされるデカップリング型直接支払の要件に

抵触する。その点を経営単位の収入保険化を通じて払しょくしつつ、その対象農家を絞り込むことで構造政策という農政の本命を追求するのがその狙いである。つまり直接支払という先進国農政の国際標準を追求しつつ、それを構造政策と直結させる「日本型」の追求である（第4章2節）。

2001年9月、農水省は、生産調整の面積配分の米生産数量配分への転換（ネガからポジへ）、「稲経」からの副業的農家はずしを盛り込んだ「米政策の総合的・抜本的見直し」を打ち出し、生産調整研究会をたちあげた。同研究会は、たんに生産調整にとどまらず水田農業政策全般を対象としたものに「大化け」し、2002年6月にその中間的とりまとめを行った。

研究会は、生産調整は、「限界感」「不公平感」が強く、価格維持効果が乏しく、構造政策の推進に弊害がある。またカルテル、構造政策、食料政策、国土政策等の複数の政策目的を同時追求しているため複雑でメッセージが不明確だとし、米作りのあるべき姿を明確にし、「そこへのソフトランディング」を図るべきとした。すなわち研究会は「効率的かつ安定的な経営体が、市場を通じて需要を感じ取り、『売れる米づくり』を行っていくことが基本」とした。「効率的・安定的経営」が大宗を占めれば市場という「見えざる手」によって需給が自動調節されることが想定されており、「本来あるべき姿」とは政策介入のない市場メカニズムの世界であり、そこへのソフトランディング、ということだろう[23]。

それを受けて年末には米政策改革大綱が決められ、以降の農政の基調となった。そのポイントは以下の通りである。
①過剰に関連する政策経費の思い切った縮減が可能な政策をめざす。
②2010年度までに「農業構造の展望」（上記）と「米づくりの本来あるべき姿」をめざす。「本来あるべき姿」は、「需要に即応した米づくり」であり、

---

[23] 座長は「通常の年であれば、政府が関与して生産量の配分を行う必要のない状態」「経済学で言いますと、需給均衡価格が成立している状態」としている。生源寺眞一『新しい米政策と農業・農村ビジョン』家の光協会、2003年、57ページ。

2008年度までに「農業者・農業者団体が主役となる需給調整システム」を構築する。06年度に検証し、07年度からの前倒しも考える。「主役となるシステム」とは、「農業者・農業者団体が配分を行うシステム」（農水省「米政策改革大綱の内容と今後の課題」）である。

③04〜07年度は移行期間とし、生産数量調整方式への転換、併せて作付目標面積の配分、全国一律方式から地域の裁量を認める方式に転換し、産地づくり推進交付金を創設する。また過剰米短期融資制度も始める。

④政府備蓄は100万 t を適正とし入札による。担い手経営安定対策（「担経」）を講じる。

　以上のうち①は研究会にはなかったもので農政の本音を示している。生産調整政策が食管赤字の縮減をめざしたその次は、生産調整経費そのものの縮減である。②は構造政策と生産調整政策を一体として捉えるもので、研究会が批判したところの「複数の政策目的を同時追求」するものである。

　③については、農家レベルでは数量確認は実質的に困難なことから、生産調整面積の配分を水稲作付面積に変えることに終わっている。産地づくり交付金のうち「産地づくり対策」は市町村段階の地域水田農業推進協議会を通じて農業者に交付され、国のガイドラインの下に一定の裁量が地域に与えられる。折からの地方分権「改革」にのった補助金行政における自治体・農協外しの一環だが、もっとも難儀な配分と確認は相変わらず地域任せである。

　④の「担経」は、構造政策を二枚看板に掲げる割には唯一の構造政策関連といえる。すなわち過剰米短期融資制度に参加した青色申告している経営で、北海道10ha、都府県4ha、集落型経営体20ha以上の規模要件を満たす担い手経営に対して直近3年平均の稲作収入との差額の8割を補てんするもので、加入者と国が半分ずつ拠出する。集落経営体については一元的経理と5年以内に法人化することを要件にしている。ここに規模による選別政策が登場したことは日本農政史上の画期であり、同時に選別政策は自民党の命取りになった[24]。

新基本計画・品目横断的政策

2004年には、翌年の新基本計画の策定を前に財界団体が農政「改革」をしきりに提言した。それはWTO新ラウンドやFTAによる「冷水効果」を日本の農業・農政にあびせ、その外圧で構造改革を促進し、それでも内外価格差が残る場合には、直接支払でカバーすればよしとするものである。財界提言は、①「委員会や研究会主導によって……制度改革」「司令塔が必要」（要するに農林族・農水省農政からの脱却）[25]、②構造改革→競争力→「国境措置に過度に依存しない政策体系」、③農林予算の縮小のなかで「バラマキ型」や「社会保障の要素」を払しょくし、「生産調整の廃止」「支援対象の限定」等による「農林予算の見直し」、をうたっていた。

それに対し民主党は、生産調整廃止、1兆円の直接支払等を対置し、自民党はそれを「バラマキ助成」、「空理空論」と批判したものの、2004年7月の参院選では民主党が農村部1人区で躍進した。

年度末には新基本計画が策定された。新計画は、①2010年に自給率45％を達成するという目標を2015年達成に先送りし、②前述の「農業構造の展望」も見直し、2015年に効率的・安定的経営を家族経営33〜37万、法人1万、集落営農2〜4万とし、そこに農地の7〜8割を集積するとした。経営数は変わらないが、目標年次の先送りと集積率をアップしたわけである。

②の関連文書は「産業政策と地域振興策を峻別」するとし（以降の政策基調のひとつになる）、05年10月には「経営所得安定対策大綱」が策定された。その詳細は他に譲り[26]、骨格だけを述べる。

ポイントは品目横断的政策である。同政策は、海外との生産条件格差是正

---

[24] 米政策改革の全体については拙著『農政「改革」の構図』筑波書房、2003年、第6章。
[25] それを実現したのが安倍政権の脱却農政に他ならない（第1章）。
[26] 拙著『食料・農業・農村基本計画の見直しを切る―財界農政批判―』筑波書房、2004年、同『「戦後農政の総決算」の構図―新基本計画批判―』筑波書房、2005年、第2章。

対策(ゲタ)と収入・所得変動緩和対策(ナラシ)からなる。ゲタは「市場で顕在化している諸外国との生産条件の格差」是正のための直接支払で、麦・大豆・てん菜・でんぷん用馬鈴薯に限定し、米は関税で守られているとして対象外としたが、ナラシは米も対象に含めた。ゲタは過去面積支払(緑の政策)と当該年産支払(黄の政策)をミックスする。

品目横断的政策は、20世紀末に「大綱」化された品目別支払いを、形式的に経営単位にホチキスでとめて「品目横断的」としたもので、新たな財源を大幅に確保するようなものではなかった。それを「日本的直接支払」とする最大の特徴は、支払対象を絞り込んだ選別政策の全面化である(第4章2節)。

米政策改革下の生産調整

農水省は、米政策改革は「生産調整をやめるのではなく、やり方を変える」もので、「国や地方公共団体は手を引いて何もしなくなるわけではない」(農水省「米政策改革大綱の内容と今後の課題」)としているが、そう弁明すればするほど現地は「『農業者・農業団体が配分を行うシステム』に移行するのだな、要するに生産調整政策は廃止されるのだな」と受け止め、**表3-2**にみるごとく、生産調整はみるみる弛緩して過剰作付県・面積が増え、また**図3-2**にみるように、米価は、生産費の91～93％台とかつてない低水準に張り付くことになった。05年度には東北・関東・新潟・東海に限られていた過剰作付県が、07年度には西日本や九州まで拡大した。県別には福島、茨城、千葉が過剰作付の半分を占める。また06年産の場合の生産調整非参加者の階層別総面積に占める割合をみると、平均して15.2％だが、1ha未満52％、1～4ha15％、4～10ha 9％、10ha以上 9％で、下層にいくほど高かった。彼らとしては、選別政策が自分たちを政策対象から切り捨てるなら、生産調整に参加しなくて当然ということになろう。これは端的に、地域ぐるみで取り組まねば実効性のあがらない生産調整政策(転作)と、地域ぐるみを阻害する選別政策の矛盾である。

要するに、国のバックアップを失うことによる生産数量カルテルの弛緩で

表 3-2　生産調整政策の実績

年産	生産数量目標 (①) 万t	実生産量 (②) 万t	目標超過数量 (②−①) 万t	①の面積換算 (③) 万ha	実作付面積 (④) 万ha	過剰作付面積 (④−③) 万ha	作況指数 (⑤)
2004	857	860	2	163.3	165.8	2.5	98
05	851	893	42	161.5	165.2	3.7	101
06	833	840	7	157.5	164.3	6.8	96
07	828	854	26	156.6	163.7	7.1	99
08	815	865	50	154.2	159.6	5.4	102
09	815	831	16	154.3	159.2	4.9	98
10	813	824	11	153.9	158.0	4.1	98
11	795	814	19	150.4	152.6	2.2	101
12	793	821	28	150.0	152.4	2.4	102

注1．農水省「米政策をめぐる事情について」（2013年3月）。

ある。その意味では惨憺たる結果だが、実は生産調整政策を実効性なきものにすることが政策の真の狙いだったのかもしれない。

都府県では、個別経営だと4 haをクリアしないと品目横断的政策の対象にならないということから、地域・農協をして集落営農の20ha要件のクリアに走らせた。そもそも集落規模が小さく、集落営農の20ha要件をみたせない中山間地域を多くかかえる広島県や新潟県では、4 haで個別経営としての規模要件をみたせる法人化を一挙に果たそうとした。

また概して西日本ではこれを契機に協業集落営農化を図ろうとしたが、主として東日本では、政策要件である経理・販売名義の一元化のみを狙う「ペーパー集落営農」（「枝番集落営農」とも呼ばれる）に走った。協業抜きのそれは「営農」とはいえないが、それは4 ha未満の中堅自作層を対象から排除しようとする選別政策のもたらした矛盾であり、ともかく集落営農への取り組みが始まったという点ではペーパー集落営農も評価されよう。

政策の本命は、個別経営の規模拡大だっただろうが、現実には集落営農という形での集団的な取り組みによる規模拡大に拍車をかけたことは、品目横断的政策の意図せざるプラス効果ともいえる（第5章2節）。

品目横断的政策の交付金と産地づくり交付金は、転作田の地権者とその転作作業受託者との間に様々な配分パターンを生んだ。転作田に利用権が設定

されている場合には、両交付金とも実転作作業者にいくが、転作作業受委託の場合は、産地づくり交付金を地権者、品目横断交付金を実転作作業者が受け取る、あるいは産地づくり交付金も両者で案分するなどである。

こうして選別政策による規模拡大というより、集落営農（法人）化を通じる面的規模拡大、あるいは転作作業受委託を通じる作業規模の拡大等に政策は寄与したといえる。

他方では生産調整政策に「協力」しない農業者は、地域の「担い手」としての位置付けから外されるなどの弊害も生んだ。また米の販売先を個別に確保している大規模経営は、転作名義を借りて（買い取って）目いっぱい米をつくる方向に行くなど、水田農業担い手層の分化を生んだ[27]。

生産調整政策をめぐる攻防

以上の「米政策改革」と選別政策があだとなって2007年7月の参院選で自民党は敗北し（1人区で6勝23敗）、民主党が第一党になった。自民党は、選挙直前に全農が概算支払いの基準を1俵7,000円にしたことが響いたとして、米政策改革の修正にはいり[28]、政府も「米緊急対策」を打ち出した。全中・全農等の関係団体のトップと農水省総合食料局長等9人が直筆サインした「減反合意書」まで取り交わされた。

見直しは具体的には、品目横断的政策を「経営所得安定対策」に変更し、①過剰米34万tの緊急買入れ、MA米の取り扱い厳格化、②経営所得安定対策の面積要件の見直し（市町村特認制度の創設）、認定農業者の年齢制限の廃止、集落営農の法人化要件の弾力化（5年で法人化等の緩和）、ナラシ対策における10％以上の収入減も国の負担で補てん[29]、③生産調整拡大のた

---

(27) それらの実態については拙著『地域農業の担い手群像』農文協、2011年、第5章。また北九州における実態については磯田宏他編『新たな基本計画と水田農業の展望』筑波書房、2006年。
(28) 吉田修『自民党農政史』（前掲）742〜746ページ。
(29) 平成19年度農業白書、30ページ。

めに、5年契約を前提に転作増加分に10 a 3〜5万円支払う、過剰作付けの県・市町村では生産調整達成合意書の締結、過剰作付け県への配分・産地づくり対策・融資上のペナルティ、等である。

このうち①は生産調整非参加者も利するものとして不公平感を指摘され、②は選別政策のとりつくろいである。これで選別政策は水泡に帰したかの極端な理解もあるが、多くの地域では見直しは行わず、それぞれの地域ごとの担い手育成に励んだ。③は国家統制色の強化という逆戻りであり、米政策改革の「農業者・農業者団体が主役となるシステム」が絵に描いた餅に過ぎなかったことをあからさまにした。

これらにより過剰作付けは減少に転じ、米価は上向いたが、ともに微々たるものに過ぎなかった。

選択的生産調整論

08年に入ると自民党内からも「日本で減反しているのはもったいない」（町村官房長官）という生産調整政策を疑問視する声があがった。2009年に農水大臣になった石破茂は選択的生産調整論にたち、農林族と対立するに至った[30]。自民党農政は〈選別政策の強化と生産調整政策の廃止〉→〈選別政策の緩和と生産調整政策再強化〉→〈生産調整政策見直し〉と迷走し、党内は米政策改革派と生産調整派に分かれた。

農水省は7月に「米政策・水田農業政策に関するアンケート調査」を行ったが、生産調整政策を現行のまま続行25％、強化21％、見直し39％、やめるべき13％という結果になり、続行・強化と見直し・廃止が伯仲した。

階層別には1 ha未満で見直し・廃止が51％、1 ha以上では続行・強化が過半、10ha以上では62％となり、先の生産調整非参加者の面積割合と同様

---

(30) 08、09年の自民党主流の動向については髙木勇樹「時代の証言者　3」、読売新聞2014年2月18日。

表 3-3　生産調整政策に関する石破シミュレーション（2009年）

選択肢			初年度 (07年産)	強化	現状維持	緩和①	②	③	④	⑤	廃止①	②
米価 (10年目、円/kg)	市場価格		15,075	18,443	15,351	15,344	14,603	14,607	13,774	12,446	9,729	7,514
	農家手取り価格	補てんあり	14,078	15,557	13,114	13,121	12,414	12,414	11,660	11,660	11,660	11,660
		補てんなし	12,746	15,557	12,976	12,971	12,350	12,353	11,655	10,541	8,251	6,373
生産量 (10年目、万t)			856	751	802	802	815	815	829	856	927	1,005
財政負担 (億円)	1年目		－	3,531	2,068	2,394	3,376	3,280	4,319	3,604	3,562	10,559
	10年目		－	5,792	2,780	3,901	3,616	3,609	3,176	1,778	3,303	8,415
	10年間総額		－	47,628	24,643	32,101	33,860	33,463	38,158	26,033	33,343	99,821
市場価格が下がることによる消費者の利益 (10年目、07年比、億円)				－7,026	－1,669	－1,658	－314	－320	＋1,221	＋3,754	9,228	＋14,259
水田面積（10年目、万ha）			239	228	226	229	229	229	231	222	215	225

注1．※1　「緩和」はすべて未達成者へのペナルティー措置を廃止し、販売農家を対象に新対策を導入。
　　※2　緩和①は転作作物助成を拡充し、経営所得安定対策を継続。
　　※3　緩和②は転作作物助成を拡充し、経営所得安定対策を生産調整の実施要件を外して継続。
　　※4　緩和③は転作作物助成を生産調整の実施要件を外して拡充し、経営所得安定対策を継続。
　　※5　緩和④は転作作物助成と経営所得安定対策を生産調整の実施要件を外して拡充、調整。
　　※6　緩和⑤は転作作物助成と経営所得安定対策を生産調整の実施要件を外して縮小、継続。
　　※7　「廃止」は未達成者へのペナルティー措置、転作作物助成、経営所得安定対策を廃止。廃止①は新対策を担い手対象に、廃止②は販売農家対象に導入。
　2．「日本農業新聞」2009年9月16日。

の傾向を示していた[31]。担い手層はむしろ続行・強化の意向であり、生産調整が構造政策を阻害しているという米政策改革の認識は実態を踏まえていなかったことが明らかになった。

　自民党の選別路線修正は時すでに遅く、2009年9月の衆院選で敗北し、民主党への政権交代となった。石破農相は退任直前に生産調整に関する第二次試算を公表し、民主党への置き土産とした。ある意味で歴史的資料なので**表3-3**に引用しておく。注目すべきは「補てん」（新政策）の項で、生産調整農家に対する手取り価格が平均生産費を下回る分の差額補てんであり、民主党の戸別所得補償制度案に酷似しており、生産調整を行った場合に交付され

---

(31) 小池恒男『米はどう変わった、どう変わる』筑波書房ブックレット、2010年、第3章。

る仕組みは選択的生産調整論といえる。民主・自民の政策の種差よりもその類似性に注目するべきだろう。それが政権交代期の政策の実像だからである。

石破は、強化・現状維持案は、財政負担・不公平感・閉塞感から、また廃止も水田面積減から不適とし、緩和④を「米政策のあるべき姿」とした。

しかし今日的に注目すべきは廃止案②（すべての販売農家に差額補てん）だろう。その場合に生産量は2割弱増え、市場価格は7,500円まで下がるが、補てんすれば農家手取り価格は緩和④並みに維持され、財政負担は初年度10兆円となる。注目すべきというのは、このシミュレーションは輸入自由化を一切想定していないが、TPPによる関税撤廃のケースに酷似しているからである（2013年3月に安倍首相がTPP参加を評した際の政府統一見解によれば、関税撤廃すれば7,000円の米が輸入される）。

2. 米戸別所得補償政策と需給調整——民主党農政

米戸別所得補償政策

民主党は、2003年に小沢一郎が加わって新自由主義から軌道修正し、2004年の「農林漁業再生プラン」ではすべての販売農家を対象とする直接支払を打ち出し、06〜09年にかけては農業者戸別所得補償政策を繰り返し提案してきた[32]。他方で「コメを作らないことに補助する減反は廃止し、米価維持政策も取らない」とした[33]。

政権についた民主党の戸別所得補償モデル事業は、①水田利活用自給力向上事業、②米戸別所得補償モデル事業の二つの柱からなる。赤松農水大臣談話「農業の立て直しと地域の再生に向けて」（2009年12月22日）によれば、食料自給率の向上、農業と地域の再生が目的、自給率向上のためには水田農

---

[32] 小沢一郎『小沢主義』（集英社インターナショナル、2006年）は、「自由経済の原理をそこなうわけではないし、零細農家切り捨てにもならない」として米の「不足払い」を提唱している。

[33] 筒井信隆「農業政策」『日経ビジネス』2009年9月19日号。

表3-4 水田利活用自給力向上事業による10a当たりの所得比較（千円）

	販売収入	販売収入（流通経費除く）①	経営所得安定対策相当額 ②		水田利活用持久力向上事業 ③	耕畜連携粗飼料増産対策事業 ④	収入合計 ⑤=①+②+③+④	経営費（副産物価額差引）⑥	所得 ⑤-⑥
				うち成績払					
小麦（田）		12	40	13	35		87	45	41
大豆（田）		21	27	7	35		83	42	41
米粉用米	42	25	―		80		105	62	43
飼料用米	20	9	―		80		89	62	28
（わら利用の場合）	20	9			80	13	102	62	41
主食用米		106					106	80	26

注1．販売収入は、米粉用米4,800円／60kg（80円／kg：現物弁財米の米粉用への販売価格）、飼料用米31円／kg（政府所有米穀の飼料用途向け売渡価格に応じた全農スキームの販売価格）を用いて算定。
2．単収は、米粉用米530kg／10a（水稲の平年単収）、飼料用米650kg／10a（先駆的取組である山形県遊佐町で使用されている品種「ふくひびき」の試験成績（粗玄米重703kg／10a）と18、19の取組事例の平均値600kg／10aを勘案）を用いて試算。
3．流通経費は、米粉用米2,000円／60kg、飼料用米1,000円／60kg（全農事例）から試算。
4．主食用米、小麦、大豆の販売収入は、H19年生産費調査（全階層平均、主産物）。
5．経営所得安定対策は、全国の平均単価を用いて試算。
6．飼料用米の13千円／10aは耕畜連携粗飼料対策事業の助成金（上限）。
7．面積当たり経営費は、米粉用米、飼料用米、主食用米は19年産生産費の全算入生産費から家族労働費、自己資本利子及び自作地地代を控除、さらに、米粉用米、飼料用米は主食用米の機械を活用するため、農機具費及び自動車費の償却費を控除（山形県遊佐町の事例でも同様の考え方で試算）。
8．農水省資料による。

業のテコ入れが必要で①を行う。①を行うにあたっては水田農業の経営安定を図るために②の「恒常的に赤字に陥っている米に対して補てんする」することが必要、ということである。〈②→①→自給力向上〉という論理で、②は①の手段あるいは土台とされているが、民主党の政策差別化のポイントは年来の主張である②にあろう。

このうち①については、米の生産数量目標の達成（生産調整への参加）に関わらず、麦・大豆・飼料作物・新規需要米等の戦略作物に対して米並みの所得を確保できるように交付単価を定める。すなわち表3-4によれば、主食用米の10a所得を2.6万円とし、米戸別所得補償の1.5万円と合わせて4.1万円、それに対して小麦・大豆・米粉用米・FCSはほぼ同額となる（飼料用米は2.8万円と低い）。

民主党は、生産調整の要件を外すことによって、従来の非参加者の転作参

加も見込まれ、自給率向上に寄与するとしている。自民党農政時代の産地形成交付金は廃止され、地域によっては交付金が減額になるところも出たが、それに対しては激変緩和措置が講じられた。

②については、米の生産数量目標を達成した販売農家に対して、過去3年の標準的な販売価格と過去7年中庸5年の標準的な生産費用（労働費は8割カウント）の差額を固定支払いし（10a1.5万円）、当年産価格と標準的な価格の差は変動支払する。特徴は、第一に、固定額的な純粋直接支払というよりは、生産費を下回る価格下落に対応する不足払いに近い点、第二に、先に引用したように米価維持（価格支持）政策をとらない点にある。

需給調整政策

先の赤松大臣談話は「過去40年にわたって農村を疲弊させ、閉塞感を与えてきた生産調整について大転換がはかられます。これまでの米の生産調整は、生産調整達成者のみに麦・大豆等の助成金を交付する……という手法で進められてきました。一方で、それだけでは十分な効果が得られないために、生産調整に参加しない方に対して、様々な形で差別的な扱い、ペナルティ的な扱いが行われてきました。今後は、米の需給調整は米のメリット措置により実効を期し、麦・大豆等の生産の規制から解放されることになります」としている。

説明資料では、①従来の生産調整は転作物助成なので、参加農家の努力による価格維持効果が非参加者にも及んで不公平だが、米への支援による需給調整は参加農家のみがメリットを受けるので不公平感が解消される。②転作物助成から生産調整要件をはずすことで需給が緩和しないかという疑問には、米所得補償のメリットで生産調整参加者が増える、需給調整に全面的に参加しなくても助成されるので転作が増えるとしている。

また前述のように自民党農政下で小規模農家の過剰作付けが多かったとしたが、すべての販売農家に道を開くことで、彼らの参加可能性も高まるといえる。

要するに、民主党は「生産調整」という言葉こそ使わないが、米の生産数量目標の達成（目標を超えて米生産しない）という形での生産調整政策の継続であり、自民党のそれが転作物奨励という形での生産調整政策だったとすれば、より純粋な生産調整政策ともいえる。

　民主党農政は、何よりも自民党が手当てしなかった米価の恒常的下落に対して米戸別所得補償を行い、かつそれを生産調整にリンクした点は巧妙な政策だと評価される。そもそも米価下落の影響はすべての販売農家に及ぶわけで、それを一部の農家に限ってカバーする自民党の選別政策は公平とはいえなかった。

　その成否を結果から判断すれば、**表3-2**によっても過剰作付面積は減る傾向にあり、米価は2010年は民間在庫が多く、産地の低価格販売が行われたことから下がったが（1.51万円の変動支払でカバー）、その後は回復し、生産費に対しても100％前後になり、戸別所得補償受取金込では2011年産112.7、12年産115.5になっている（**図3-2**）。以上のような仕組みによる選択的生産調整への移行は、結果的に、生産調整への参加を増やし、需給を引き締め、米価回復に寄与したと評価しうる[34]。

　民主党農政をめぐっては、次のような問題が指摘される。①米戸別所得補償による貸しはがしや、産地形成交付金がとりやめられたことによる地権者と実転作者間の利害調整の困難等があり得る。②自民党の選別政策の思わざる副産物として集落営農の促進があったのに対して、民主党の戸別農家に直結する政策は集落営農育成効果に欠ける。③民主党政策は当年産の量や価格にリンクしWTO農業協定上は削減対象になる「黄の政策」といえる。

　しかし、①については、この間、農業構造は高齢化等により不可逆的な変化をみており、その可能性は乏しかったといえる。②については集落営農は量的拡大の段階から法人化の時代に入っていた（第5章2節）。③については、

---

(34) 民主党農政とその地域での受容をめぐる問題については多くの文献があるが、さしあたり拙著『政権交代と農業政策』筑波書房ブックレット、2010年、磯田宏・品川優『政権交代と水田農業』筑波書房、2011年。

この間、WTO新ラウンドは進展をみなかった。また後述するようにTPP参加と生産調整政策は深くリンクするが、民主党にその自覚はなかった。要するに民主党にとってはラッキーな政策環境だったといえる。

3．ポストTPP農政の生産調整政策——自民党政権

米戸別所得補償に対する評価は大規模農家も含めて高かった。しかしそれも2010年に入り菅内閣の消費税引き上げやTPP参加で吹き飛んでしまう。民主党はその統治能力の欠如から2012年末の総選挙で敗北し、政権再交代となった。自民党は激変を避けるため当面は民主党農政を引き継いだが、その再構築は速かった。ここでは生産調整政策関連のみをとりあげる。

生産調整政策の廃止

「農林水産業・地域の活力創造プラン」の「制度設計の全体像」では、米の直接支払交付金を7,500円に減額したうえで、2018年に廃止する。生産調整については、「5年後を目途に、行政による生産数量目標の配分に頼らずとも、国が策定する需給見通し等を踏まえつつ生産者や集荷業者・団体が中心となって円滑に需要に応じた生産が行える状況になるよう、行政・生産者団体・現場が一体となって取り組む」としている。

これをもってマスコミは「減反の廃止」と報道し、首相も国会やダボス会議で「いわゆる『減反』の廃止」と繰り返し述べているが、農協系統はそれに反発し、自民党農業基本対策検討PTの宮越光寛座長も「生産調整の廃止ではなく、(手法の)見直しだ」としている（日本農業新聞、2013年12月2日）。

農協としては、生産調整の全責任を負わせられても背負いようがなく、政府の関与を繋ぎとめるうえでも「廃止」を容認しえない立場にある。しかし客観的にみれば、生産調整政策の実施は、国が生産目標数量を県・市町村・農家へ配分することを具体的手段としており[35]、米の直接支払は生産調整

---

[35] これはアメリカの生産調整等には見られない日本的特質である。荒幡、前掲書、475ページ。

に直結する経済的インセンティブである。その2つをともに2018年から廃止することは、国の政策としての生産調整の廃止と言わざるを得ない。

生産調整政策廃止の諸要因

　前述のように民主党の戸別所得補償政策とそれにリンクした需給調整政策は、それなりに成果をあげ、現場でも評価されてきた。それは自民党政権末期の石破「選択的生産調整」論に酷似したものでもあった。それが、なぜ、いま（5年後）、生産調整政策の廃止なのか、その点を要因（アクター）別にみていきたい。

　最大の要因は、何といっても第1章に見た政権交代であり、安倍政権の誕生そのものである。首相は「強い農業」「攻めの農業」をアベノミクスの柱に据え、そのための「減反廃止」を課題としていた。それに対して票田としての農業団体の反発がありうるが、3年間は国政選挙がなく、次の国政選挙を衆参同日選挙にしてそれに勝てば6年間の長期政権を維持できる。5年後の廃止もその日程に位置づけられる。

　そのため、選択的生産調整が持論の石破幹事長、商社出身の林農水大臣、経産省出身の斎藤農林部会長、「大臣病」の西川TPP対策委員長等、周到に農政の人事配置を行ってきた（幹事長はそれだけではもちろんないが）。

　第二に、加藤紘一・谷津義男といった旧自民党農林族の衰退・消滅がある。生産調整政策の選択制移行等に一貫して反対してきたのは彼らだが、ことごとく落選した。政権交代前の自民党の農水大臣は、全てが農林族とはいえないが、コロコロ変わった。

　今回、減反廃止の口火を切ったのは経済同友会「日本農業の再生に向けた8つの提言」（2013年9月）だった。すなわちその提言6は「生産調整を5年間で段階的に廃止し、自由な作付を認める」である。この農業改革委員会の長が先の新浪であり、彼はメンバーである産業競争力会議の10月24日の会合にそれをもちこみ、この時から「減反廃止」がマスコミ報道されるようになった。

それに対して「減反廃止　静かな農林族」(朝日、2013年11月1日)となり、農協も「新政策　最大限に活用」(日本農業新聞14年1月17日)となった。要するに抵抗勢力は消え、あるいは条件闘争(予算獲得)に転じたのである。

　第三に、財界人として今回のキーパーソンになった新浪剛史(当時、ローソンCEO)は、「農水省との間で非公式の会議を10回以上開いた。……驚いたのは農水側のやる気を感じたことだ。……彼らはわれわれのいうことそのままではなく、農林族のためにすべていうわけでもなく、超リアリズムで中間の落としどころを摸索した」という(36)。

　その農水省の、生産調整の責任を免れたいという意向は2002年の「米政策改革大綱」以来一貫している。米需要が1996年の950万t弱から2012年の800万t弱に直線的に減る一方で、麦12万ha、大豆17万haと土地利用型転作目の作付けは伸びず、飼料用米の作付けも頭打ちとなり、行き詰まり感が強まっていた。強力な政権の誕生は農水省にとって「チャンス」だった。

　第四に、2013年10月上旬は、インドネシアでTPP交渉が行われ、主役のオバマ大統領が内政問題から欠席する羽目になり、日本が代わってTPPの推進役を買って出た時である。その時、西川委員長が関税撤廃の可否について検討に入ったことを言明した。日本が推進役を演じる以上は妥協も必要というサインである。前後してそれまでの自民党の農政プランには全くなかった生産調整政策の廃止が突如浮上した。それは、国際的に日本のTPP妥協の最大のサインになった。(第2章1節)。要するに生産調整政策廃止の深因は、アベノミクス成長戦略の核になるTPPである。

当面の生産調整政策

　前述のように米の直接支払交付金は半額に減らして2018年に廃止する。水

---

(36)『日経ビジネス』2014年1月10日号。なお朝日新聞は「安倍政権が誕生した一昨年末以降、官邸と農林水産省は減反廃止を打ち出すタイミングをひそかに見極めていた」(2月5日)とし、新浪は農業団体の反対の矢面にたつことを引き受けたとしているが、その役割はもっと大きいといえる。

表 3-5　経営所得安定対策見直し後の 10 a 当たりの所得比較（自公政権）

単位：千円／10 a

	主食用米	小麦	大豆	飼料用米 [耕畜連携]	畑（大豆）
販売収入（品代）	113	10	18	3	15
経営所得安定対策	7.5	79	73	105 [13]	38
うち水田活用	―	35	35	118	―
うち畑作物	―	44	38	―	38
収入合計	120.5	89	88	121	53
経営費	88	47	45	66	45
所得／10 a	32.5	42	43	55	8

注1．「経営所得安定対策の概要」（平成 25 年度版）から抜粋、加工。
　2．自民党農林部会等合同会議（2013 年 11 月 25 日 19：30～）への農水省提示資料による。
　　一部カット。

　田フル活用については、飼料用米・米粉用米に数量支払を導入し、最低10 a 380kg5.5万円、標準（平年単収）530kg8.0万円、最高680kg10.5万円の傾斜をつける。麦・大豆・飼料作物（10 a 3.5万円）、WCS用稲（8.0万円）、加工用米（2.0万円）の交付金単価は不変、そば・なたねは産地交付金から支払う（1.5～2.0万円）。産地交付金からはさらに飼料用米・米粉用米の多収性専用品種、加工用米の3年契約には10 a 1.2万円を支払う。

　民主党農政の仕組みを踏まえつつ、交付金の支払いにウエイトを付け、飼料用米・米粉米の単価を高めたもので、それが「行政による生産数量目標の配分」に頼らずとも需給均衡できる状況への移行の唯一の切り札となっている。増大する要生産調整面積に対して、麦・大豆での対応に限界があるなかで、飼料用米に突破口を求めるものである。

　政府資料による作目別の10 a 当たり所得は**表3-5**のごとくである。民主党農政期の**表3-4**（102ページ）と比べて、第一に、民主党の場合は飼料用米を除き作目間の所得均衡が追及されており、どの作目を選んでも同じという政策整合性があったが、自民党のそれは作目間の所得格差が大きく、公平性に欠ける。

　第二に、民主党期には飼料米の所得は低かったが、自民党期のそれは最高

になっている。これまた一種の「政局農政」である。しかしそれは最高収量を採った場合であり、標準収量の場合の所得は3.0万円弱に過ぎず、主食利用米を下回る。政府は飼料米は450万 t もの潜在需要があるとしているが[37]、実績は18万 t に過ぎない。大幅増できたとすればできたで輸入トウモロコシの代替なのでアメリカ等の輸出国からクレームがつくだろう。麦・大豆等の内外価格差を補てんするゲタと違い、根拠のない生産刺激的な直接支払だからである。

かくして飼料用米の生産刺激を通じて主食用米の需給調整が可能だとする政府の生産調整政策は現実性を欠く。その下で「減反廃止」により米価は「2～3割はすぐに下がる可能性がある」という大手コメ卸の声も紹介されている（日本経済新聞、2013年12月6日）。2004年「米政策改革」の経験に照らせば十分にありうる事態である。既に2012年末には1.6万円程度だった関東コシヒカリも13年産は1.2～1.3万円に下がり、2014年産については銘柄により9,000～7,000円台への下落となり、地域にパニックをひき起こしている。

第3節　生産調整政策の諸論点

生産調整政策の40年余をみてきたが、そこには数々の論点が残されている。それが十分に解明されないまま、いま、生産調整政策の廃止が宣言されているが、本節では食糧管理政策と生産調整政策の関連という観点から問題を整理し、廃止の是非を検討したい。

1．なぜ生産調整政策だったのか

農政は米の需給変動の激しさに翻弄され続けるなかで過剰対策を模索した。

---

[37] 小里泰弘『農業・農村所得倍増戦略』創英社、2013年は、牛の飼料は5～10％、豚の配合飼料の30％を飼料用米に置換できるとして潜在需要700万 t としている（160ページ）。

その努力は正当に評価されるべきである。

　結局のところ決め手は生産調整政策だったが、それは過剰を生産手段の次元で物理的にちょん切る、あまり芸のない物量政策だった。

　前述のように農業基本法の設計者達はその効果を疑い、価格を通じる需給調整を考えていた。それは経済学の初歩であり、政策も価格の据え置きまでは行ったが、それ以上は進めなかった。価格による過剰の抑制には大幅引き下げが必要だが、食管制度によって政策的に価格が決められる状況下では、それは政治的に無理だった[38]。

　しかしそれ以上に価格政策そのものが有効でなかった。米過剰の要因が構造的なものであり、需給ともに価格弾力性を失っていたからである。需要面では戦後は1962年から1人当たり米消費が急減していき、その背景に、小麦の対米比価の低下が指摘された[39]。しかし政策当局は、小麦価格を相対的に引き上げることは「米食からパン食への食形態移行」「貿易自由化に逆行」するものとして採らなかった[40]。実は高度経済成長期を通じてカロリー源のでんぷん質から油脂・畜産物等への移行が進んでいた。米かパンの選択であれば対米比価の変更を通じて米消費を上向かせることは可能だったかも知れないが、その時代は過ぎていた。

　供給面においては、面積と収量のどちらが過剰により大きく寄与したかが問われている。通説や政策当局の考えは収量増だが、1965～69年の面積増40万haの方が大きかったという説もある[41]。しかし需給面に影響するのは純増であり、この間のそれは4.4万haに過ぎない。開田は壊廃をカバーする程

---

(38) 米価が執拗に政治のメインテーマであり続けたことは吉田修『自民党農政史』（前掲）が如実に物語るところである。全中が「価格重点の農協運動からの脱皮」を口にしたのは1986年である。政府は米価抑制のためにいろいろと生産費・所得補償方式の要素をいじってきたが、それは端的に財政削減のためである。
(39) 梶井功「食糧管理制度と米需給」（前掲）86～87ページ。
(40) 農林漁業基本問題調査事務局監修『農業の基本問題と基本対策　解説編』（前掲）145ページ。
(41) 荒幡克己『減反40年と日本の水田農業』農林統計出版、2014年、577ページ。

度であり、ここでは通説に従いたい。

　反収増については、60年代後半までのそれは、化学肥料受容力の高い品種を育種し、その受容力を極限まで追求する施肥技術を開発し、そのために管理労働を多投し、それらを集団栽培が支える関係にあり、米価が労働集約度→収量を左右しえた。しかし70年代の反収増の背景は田植機による稚苗早期移植技術という機械化稲作の普及を踏まえたものであり、価格が差額地代第二形態追及的に小刻みに投入を左右しうる技術ではなかった[42]。

　このような価格に左右されない技術変化が過剰をもたらしたとすれば、価格弾力性を期待するのは無理であり、生産調整政策をとるしかなかった。

2．食管法と生産調整政策

　農林予算の半分が食管赤字に食われる状況下で、過剰問題の処理は農林省にとって死活問題であり、また米価下落は自民党の死活問題だった。しかしそれ以上に過剰対策を農政課題として強く自覚させるものがあった。それはいうまでもなく食管法の存在である。

　1941年に米等の供出・配給が始まり、翌年には成人1日2合3勺（330g）の配給となったが、その年に誕生した食管法は「戦時下の米の絶対的不足に対処するために制定」[43]され、「国民食糧ノ確保及国民経済ノ安定ヲ図ル為食糧ヲ管理シ需給及価格ノ調整並ニ流通ノ規制ヲ行フコト」としていた（「流通ノ規制」は81年改正前は「配給ノ統制」）。

　食管法はその出自からして過剰を想定したものではなかった。戦後の高度成長期以降の生産費・所得補償方式も、統計上の限界地（耕境）反収を基準に生産費を補償するものであり、実際の需給状況を踏まえて価格決定する仕組みではなかった。

---

(42) 拙稿「水田利用再編対策の政策分析」（前掲）183〜184ページ。
(43) 加藤一郎『農業法』有斐閣、1985年、351ページ。生産調整の食管法における位置づけについても同書を参照。

しかるにひとたび過剰が発生すれば、国が「需給及価格ノ調整」を行うと法定されている以上、「過剰、不足のいずれの需給事情下でも弾力的に対応」(80年農政審)せざるを得ず、その一環として「需給ノ調整」のために生産調整政策まで乗り出さざるを得ない。食管法は必要ある時は、加工、製造、譲渡その他の処分、使用、消費、保管、移動に関し命令を出すことができる委任規定を設けていたが、それが過剰時には生産管理にまで延長されることになったのである。

また「価格ノ調整」(価格支持)も、過剰下ではストレートな価格支持政策には限界があり、「需給ノ調整」に依らざるを得ない。生産調整政策は「食糧管理法による米の価格支持政策の反面としてやむをえずとられた方策であるが、そこに内在する矛盾の表明」でもあったのである[44]。

かくして食管法下の生産調整政策の本質は、国家による食糧管理の一環としての生産管理、それを通じる価格支持政策だといえる。

にもかかわらず生産調整政策は、食管法下では法定されないまま、国が目標面積を定め、地方政府を巻き込んで農業者にまで配分していく行政指導(と補助金誘導)の形をとった。かくも強権的な政策がなぜ法規定もなしに遂行されたのか。当初は過剰が一過的なものとされたからかもしれないが、「本来食管法によって処理すべき性質のものであったが、当時食管法自体に手を付けられるような情勢になかった」[45]のが根因である。これは直接には自主流通米制度についての発言だが、生産調整政策にもそのまま当てはまる。その「情勢」とはいうまでもなく冷戦体制下の厳しい社会的緊張という政治的背景だろう。

こうして実質的に食管法(の精神)に基づく生産調整政策は、国の施策であるが故に全国一律的な形をとらざるをえなかった。農産物価格論・地代論

---

(44) 同上、359ページ。
(45) 食糧管理法40周年記念会編『食糧管理法40周年記念誌』1982年、284ページにおける檜垣徳太郎発言。

からすれば、過剰に対しては劣等地から耕境外に出せばいいことだが（劣等地の特定自体の技術的困難はあるが）、国としての制度は即政治につながり、地域によって異なる取り扱いは許されず、経済学的には非合理的であっても全国をひとつの「むら」とすることが政策の貫徹を保証することになった。しかしそこに絶えざる地域的な利害の対立があったことは見てきたとおりである。

3．食糧法と生産調整政策

　生産調整政策と自主流通米制度との関連については、米の統制の自由化・市場化という長期目的に即して自主流通米制度が設けられ、「減反は自主流通米の育成をサポートする関係にあった」という見解もある[46]。それについては本章1節では、生産調整政策を遂行するには自主流通米という形で「うまい米」を制度にとりこむ必要があるというより短期的な政策設計だったと逆に捉えた。しかし自主流通米はそれがひとたび取り入れられれば、食管制度を内側から食いつぶし、自由化を推進していく鬼子として成長していくことは当然だった。

　そして政策担当者の主観としては、政府米の比重の低下、自主流通米の比重の上昇に比例して、生産調整の責任もまた生産者・生産者団体にシフトしてしかるべきということになり、とくに80年代後半以降は、国は「生産者・生産者団体の主体的責任」を強調するようになった。以降の農政は大局的には、国の食糧管理からの撤退（責任軽減）の程度と生産調整におけるそれをいかに整合させるかに腐心することになる。

　しかるに1995年食糧法は、あえて生産調整を法に書き込んだ。なぜか。第一に、食管法は二重米価制にもみられるように生産者、消費者を両にらみしたものだった。しかるに食糧法移行時は、政府米の売買逆ザヤはとうに解消され、少なくとも価格面で消費者保護の機能は失せていた。その意味で食糧

---

(46)荒幡・前掲書、588ページ。

法は生産者保護に純化した。

　第二に、では生産者保護は具体的にどう果たされるのか。食管法の下では価格の調整は生産調整政策と政府米価の決定という二つの方法によってなされる建前だった。過剰下でもその建前は変わらなかった。しかるに食糧法においては、政府米の比重は備蓄機能に限定され、そのための政府買入れは過剰対策や価格支持の機能をもたないものとされた。そもそもその前に政府米は価格形成や価格下支え機能を失っていた。そのもとで食糧法がなお「需給と価格の安定」を果たそうとすれば、その手段は生産調整政策の単独出動しかない。かくして食糧法は端的に「生産調整法」になった。食糧管理は生産管理に純化したのである。

　しかもその生産調整たるや、国の食糧管理からの撤退程度に応じて「生産者の自主的な努力」によってなされるべきものとされた。「生産者の自主的努力」によってなされる生産制限とは生産者団体による生産数量カルテルに他ならない[47]。

　しかしそれだけなら民間カルテルで済む。しかるに食糧法は食管法下の「政府管理米」を「計画流通米」に変えたが、それは農政自ら「ソフトな流通規制」と呼ぶもので、なお主食に対する政府管理の権限を残したものだった。計画流通米は国の「基本指針」の下にあり、国は「生産調整の円滑な推進」の責任を免れなかったのである。従って、カルテルも純粋な民間カルテルではなく、国家公認のカルテルとなった。

　ところが2004年の米政策改革とともになされた食糧法改正では、計画流通

---

(47) 食糧法下の生産調整政策の本質については、「米生産調整の目的が名実ともに、食管赤字解消のためにではなく、価格維持のためのカルテル的性格を明確にした」という荒幡克己説（『米生産調整の経済分析』（前掲）61ページ）と、「不測の事態のもとでも"国民生活の安定"のために"供給の確保"を図る大目的が生産調整政策にはある。……価格維持のための生産カルテルなどと考えるべきではない」という梶井功（「誰のため、何のための生産調整か」『農業協同組合新聞』2013年2月3日号）の対立がある。

制度も廃止され、流通規制は原則廃止された。先の論理の延長では、「国が流通規制をやめたのだから、生産調整も純然たる民間の生産数量カルテルにすべき」というのが国の論理になる。それが米政策改革の本音だが、にもかかわらず国の関与による生産調整政策は続けられてきた。その決着を10年遅れの今こそつけようというのが2013年の「活力創造プラン」に他ならない。

　顧みれば、生産調整政策は、グローバル化時代の農政の最大の論点をなしてきた。規制緩和とグローバル化の時代、経済・市場への国の政策的関与は嫌われ、市場メカニズムにまかせることが農政のグローバルスタンダードになった。WTO体制は、生産刺激的政策なかんずく価格支持政策を禁止的な削減対象とした。そのような時代にストレートな価格支持政策に成り代わってその機能を代行したのが生産調整政策に他ならない。それは新自由主義的経済の喉に突き刺さった棘のようなものである。かくしてそれを取り除くことが、グローバル化農政のメインストリームになる。

　米問題をめぐっては膨大な論考が万言を費やしたにも関わらず、それらもまた詰まるところ市場vs.国家（政策）の二項対立に帰着する。

4．食料安全保障政策としての食糧管理

　にもかかわらず、なぜにかくも長く食糧管理、生産調整政策が続けられてきたのか。その理由を米価が需給均衡価格からかい離していたことに求める見解もある[48]。しかしこれは同義反復だろう。需給が均衡すれば（過剰が解消されれば）需給均衡価格が形成されるからである。本稿では長期化の原因として、日本には一貫して確たる食料安全保障政策がなく、食管法がその代位をしてきた点をあげたい。

　食管法はそもそも戦時下の食糧の絶対的不足を背景にして「国民食糧」の確保とその公平分配を旨として制定された。敗戦後も食糧危機が続くなかで、食管法はカタカナ法のまま残された。高度成長期前の自給率は高かったが、

---

(48) 荒幡『減反40年と日本の水田農業』（前掲）594ページ。

米は依然として不足で輸入を不可欠とし、それが自給を達成した途端に構造的過剰に苦しめられるようになった。だがそれは低自給率という「不足の中の過剰」だった。加えて日本は、戦後冷戦体制の重要な一翼を担わされ、国内の社会的緊張には著しいものがあった。

しかしながら自給率が急速に下がっていくなかで固有の食料安全保障政策が求められたにも関わらず、輸入依存を暗黙の前提としてその確たる樹立はなかった。そのなかで食管法は国民に主食を確保する唯一の食料安全保障政策たらざるをえなかった。そこに、社会主義以上の計画（統制）経済である食管制度が、市場経済下におけるそのアナクロニズムにもかかわらず、命脈を保つことになった理由がある。

それが大きく揺らいだのが1993年の「平成米騒動」だった。守ってくれるはずの食管法がいざという時に国民の主食を守ってくれなかった。こうして食管法は潰えた。この問題の根底には実は生産調整政策のあり方がある。第1節にみたように同政策の開始に当たって「単年度の米の需給をはかることを基本」とされた。それではそもそも農業につきものの豊凶変動に耐ええない。単年度需給均衡論は財政当局の譲らないところだったのだろうが、それに妥協しての出発が結局は食管法の命取りになった。

しかし食糧法に移行しても食料安全保障の必要性は継続した。1999年の新基本法は「食料の安定供給の確保」を目的の第一に掲げ、固有の食料安全保障政策を根拠づけたかに見えたが、達成不能な食料自給率目標を掲げる程度に終始し、結局は生産調整政策という形での政府管理を続けざるを得なかった。

食料安全保障政策代替という面から、生産調整政策の歴史を振り返ると、それはたえず貿易自由化の「外圧」下にあったといえる。発足当時は、牛肉・オレンジ・同果汁の自由化交渉の下にあり、「次は米」を思わせる状況にあった。生産調整政策が動揺期に入った1980年代なかばにはガットURが始まり、そこでは米自由化がメイン・イッシューとなり、URの決着はMA米の輸入となって食管法を葬った。そしていまやTPPは米の関税撤廃を求めている。そ

の受け入れは生産調整政策の廃止を意味する。日本の歴史的文脈の中では、国境保護と国内での政府管理は一体のものだった。

5．生産調整政策の多面的機能

　以上からして生産調整政策の機能は、制度の趣旨からすれば、国の関与による生産数量カルテルを通じる価格支持ということになる。しかし同政策の機能はその長い歴史を通じて多面化してきたとみるべきである。注（47）の梶井の趣旨もそこにあろう。

　米の作付面積を減らす「減反」（そのもっともピュアな形が休耕）から始まった生産調整政策は、第２期には転作を主流にするに至り、水田に畑作物を栽培することが田畑輪換農法として生産力的に根付き、農業経営内に経営組織的に取り入れられ、定着することを願ったが、現実の奨励金や互助金の水準は、転作物収入ゼロ＝捨てづくり的であり、依然として減反＝休耕的性格をまぬがれなかった。第３期以降になると、要生産調整面積が増大するなかで、土地利用型畑作目としての麦大豆等でそれを消化することがだんだん困難になり、生産調整面積に占める転作率は50％台にまで下がり、実態面でも休耕的性格に逆戻りする傾向をみせた。そして今や飼料米に活路を求める状況にある。

　しかし生産調整を契機として、野菜作や園芸作、花卉等の作目の導入・定着・産地化をみた地域もあり、そこでは機械化稲作がもっぱら男性の就労の場になるのに対して女性や高齢者が農業で活躍する場が確保され、また地域ぐるみでのブロックローテーションや団地転作を通じて集団的土地利用や田畑輪換農法の芽生えもあった。そしてさらなる米価下落が見込まれる今、産地では米麦大豆依存では経営が成り立たず、水田に園芸作を取り入れることを必須とみている。

　生産調整は転作作業を自家でこなせる農家とそうでない農家との分化を促し、一方では脱農化する農家になお米作付権を裏返された形で付与するとともに、転作作業受託を通じる規模拡大を促した。生産調整はそれが必要な農

業構造を前提としつつ、それを変革する作用を果たしてきたとみるべきである。

　生産調整をやめて過剰の下での米価下落を通じて離農を促しドラスティックな構造政策を追求すべきで、生産調整はそれを阻害しているという「惨事便乗型資本主義」の主張もある。しかし現実に生産調整にリンクした米直接支払の廃止と米価下落は、成長してきた集落営農法人等を困難に追い込む。

6．これから

　「活力創造プラン」の5年後生産調整政策廃止論は2つのことに賭けている。一つは飼料米の拡大・定着による増加する要生産調整面積の消化であり、もう一つは担い手経営への8割集積である。

　前者はとうてい無理である。TPPで牛肉・豚肉の関税引下げ等になれば畜産は壊滅な打撃を受け、飼料米の供給先がなくなる。後者については、大規模経営が大宗を占めるようになったからといって、彼らが先見の明に富み、過当生産競争を自粛し自動的に過剰生産が解消されるというわけでは決してない。ともに虚しい期待である。

　今後とも米の消費減退が続き、要生産調整面積の拡大が予想され、土地利用型転作物（飼料米等も含め）での消化に限界感があるなかで、生産調整政策の前途は極めて多難である。であればこそ、それをやめることは「ソフトランディング」どころか「あとは野となれ山となれ」式の「投げ出し」になってしまう。

　プランはそれでも「生産者や集荷業者・団体が中心」となった取り組みを期待しているが、米の出荷・販売に占める割合は、2010年で農協62％、全集連3.5％、生産者直接販売等34％で（農水省「米政策をめぐる事情について」2013年5月）、農協の一元集荷にはほど遠く、多元化した生産者・出荷業者等を調整するには、国の関与が不可欠だといえる。

　廃止論には実はもう一つの隠された前提がある。それはTPP妥結である。前述のようにそれにより海外から安い米が輸入されるようになれば、生産調

第 3 章　食糧管理と生産調整政策

整そのものが無効になり、生産調整問題は「解決」ではなく「解消」されてしまう。

　活力創造プランは、TPPにおいても聖域は守られるという建前をとりつつ、現実にはそれが不可能なことを見越して農政の枠組みを構築してきた（第 1 章 1 節）。しかし「ただTPPがまとまった場合は別枠で国内対策を実施する見通し」（日本経済新聞2013年10月26日）とも伝えられる。そうならざるをえないであろう。その時には、これまでゲタ等の政策経緯からして、輸入価格に規定される市場価格と生産費との差額を補てんする何からの本格的な直接支払政策の導入が不可欠になる（第 4 章 2 節）。「活力創造プラン」はリシャッフルを免れない。

　生産調整政策の廃止は、需給の不安定化と価格の乱高下をもたらし、いわんや国際価格は変動極まりない。それに対して農業共済の収入保険への移行が検討され始めている[49]。収入保険は個別経営ごとの収入の確定が不可欠で、そのため例えば、担い手経営安定対策時のような青色申告が用いられるとなれば、対象者は著しく狭められる。また仮に収入保険に移行したとしても、それは相当の乱高下に耐ええるものでなければならず、WTO農業協定の許容するところではない。

　TPP受け入れ＝生産調整政策廃止論にはどこまでそれらの覚悟があるの

---

(49) 農相（当時）は2014年 2 月10日、早くて2017年国会に収入保険の法案を提出するとした。そこでは納税申告データが用いられるとしている。
　なお荒幡は、転作奨励しつつ、米価を需給均衡価格水準に近づけることで生産調整のソフトランディングが可能で、減反廃止後の保護農政としては直接支払をあげている（荒幡克己『減反40年と日本の水田農業』前掲、第 6 章）。また荒幡は日経2013年11月 6 日の「経済教室」では、減反廃止後の過剰による価格下落には保険制度が有効としている。
　しかし生産調整政策と切り離した転作物奨励はWTO協定上の生産刺激的政策とみなされるだろう。荒幡説はTPP等による輸入の影響を組み込んでいないが、国内需給均衡価格を前提にしてなお直接支払政策を要するというのは理論的政策的に整合的だろうか。

だろうか。生産調整政策の行く末はTPP交渉の如何にかかっていると考えられる。その如何では、今回の生産調整政策廃止論もまた2004年の米政策改革と同じ道をたどる可能性もある。決定的な違いは、この間の農業団体の対抗力が決定的に衰退したことであるが。

第4章

直接支払政策

はじめに

　本章は**図0-1**のｃ．多面的機能支払を扱う。これは「農林水産業・地域の活力創造プラン」において、「日本型直接支払（多面的機能支払）」とされているものである。本章のテーマは、多面的機能支払の実体は何か、それはほんとうに直接支払なのか、それを日本型直接支払と呼んでいいのか、である。

　「日本型直接支払」という以上は、日本を代表する直接支払政策ということになろう。しかし日本の農業・農政は今や、TPP妥結や生産調整政策の廃止を控えている。その時、この「多面的機能支払」をもって直接支払政策が終わりになってしまったら、後がない。

　第１節では、開始された日本型直接支払＝多面的機能支払政策を検討する。そして第２節では、日本農業がサバイバルするために必要とされる真の日本型直接支払政策[1]を考える。

（１）現在では「直接支払政策」と通称されるが、その原義は、市場・価格を通じて間接的に所得を支払う政策ではなく、市場・価格を通じないで国が直接に所得を支払う「直接所得支払政策」（direct income payment）である。それが「直接支払政策」と呼称されることにより、曖昧になっている。本章で対象とする「日本型直接支払」はその典型である。

第1節　日本型直接支払（多面的機能支払）

1．日本型直接支払（多面的機能支払）

経過

　自民党は2010年に民主党政権の戸別所得補償制度に対する対案として多面的機能支払法案を国会に提出し、2012年には「日本型直接支払」の創設を選挙公約にした。「(民主党の)所得補償から農地を農地として維持する支援策」への転換がその内容だった。それが政権獲得後、第1章で見た「農業・農村所得倍増戦略」において、食料自給率・食料自給力の維持向上に次ぐ第二の政策として掲げられた。すなわち「米に特化した戸別所得補償制度を見直し」「農地を農地として維持するためのコストに着目し」て制度化するとしている。「農林水産業・地域の活力創造プラン」の準備に向けた「『攻めの農林水産業』のための農政改革の方向」においては、産業政策と地域政策を峻別しつつ、地域政策として「世界の農政の潮流に沿って、地域の活動組織が、農地を農地として維持するために行う、地域活動を支援する『農地維持支払』を創設」する、それは「生産活動にリンクしない支払で地域を支え、経営判断にゆがみを与えない（デカップリング）」とされた。

　同政策の大元は、日経調『農政の抜本改革』（2004年）が「農村地域資源の保全に側面支援を」と提言したものであり、自民党が、民主党の戸別所得補償政策に対するアンチとしてそれに飛びついて「日本型」を冠し、農水省がWTO農業協定の「デカップリング型直接支払政策」に位置づけたものである。

政策内容

　具体的には農地維持支払と資源向上支払からなる。
　農地維持支払は「地域資源の基礎的保全活動」すなわち「多面的機能を支える共同活動を支援」するもので、農業者のみの組織あるいは地域住民を含

表4-1　多面的機能支払交付金の交付単価

単位：円／10a

都府県	①農地維持支払	②資源向上支払 ※1、2 （共同活動）	①と②に 取り組む場合	③資源向上支払 （長寿命化※3）	①、②及び③に取 り組む場合※4
田	3,000	2,400	5,400	4,400	9,200
畑※5	2,000	1,440	3,440	2,000	5,080
草地	250	240	490	400	830
北海道	①	②※1、2	①+②	③※3	①+②+③※4
田	2,300	1,920	4,220	3,400	7,140
畑※5	1,000	480	1,480	600	1,960
草地	130	120	250	400	620

○地域資源保全プランの策定：50万円／組織　　○組織の広域化・体制強化：40万円／組織

注1．※1　農地・水保全管理支払の5年以上継続地区については、従来の農地・水保全管理支払と同様75％単価が適用される。
　　※2　②の資源向上支払（共同活動）は、①の農地維持支払と併せて取り組むことが基本。
　　※3　水路や農道などの施設の老朽化部分の補修や施設の更新。
　　※4　①、②及び③を一緒に取り組む場合は、②の単価は、従来の農地・水保全管理支払と同様75％になり、都府県・田の場合、合計で9,200円／10aとなる。
　　※5　畑には樹園地を含む。
２．農水省『多面的機能支払交付金のあらまし』2014年6月による。

む組織に支払われる。対象活動としては、遊休農地化防止のための保全管理、畦畔・農用地法面の草刈、水路の草刈・泥上げ、農道の路肩・法面の草刈、側溝泥上げ、路面維持、ため池の草刈・泥上げなどがあげられる。

　資源向上支払は「地域資源の質的向上を図る共同活動」「施設の長寿命化のための活動」支援であり、地域住民を含む組織に支払われる。対象活動としては水路、農道、ため池の軽微（初期）補修、景観形成、ビオトープ作り、施設の長寿命化活動等があげられる。それまでの農地・水保全管理支払の組替・名称変更である。

　単価は**表4-1**のごとくである。単価設定は、農地・水保全管理支払を引き継ぎ、「共同活動に要する費用の2/3を国・地方負担することで積算」されている[2]。しかし実際には、第1章でみたように、2013年11月25日の14時に

（2）天野英二郎「多面的機能支払制度の創設」『立法と調査』352号、2014年、63ページ。

開かれた自民党の会合に提示された農水省原案が水田10ａ各2,700円、2,300円だったのに対し、議員の「賃上げ交渉」で19時30分からの再開でアップされたものである（飼料米も上限値10万円が5,000円アップ）。

位置付け

　まず脱却農政の自己規定を見ておく。

　第一に、「活力創造プラン」は「はじめに」で、前述のように「農林水産業を産業として強くしていく政策（産業政策）と、国土保全といった多面的機能を発揮するための政策（地域政策）」を分けている。しかし政府の説明パンフレットでは「農業・農村の有する多面的機能が今後とも適切に維持・発揮されるとともに、担い手農家への農地集積という構造改革を後押しします」とされている。「活力創造プラン」にも、「規模拡大しても水路、農道はみんなが守ってくれるのでありがたいなぁ。預かった農地でしっかり稼ぐぞ！」という担い手のセリフ付きイラストが入っている。要するに産業政策と地域政策を峻別するとしながら、実際には後者は前者の「補助輪」[3]でしかない。

　第二に、なぜ「日本型」と呼ぶのか。国会では「欧米と異なり、水田を中心に農業が地域ぐるみで営まれていること等から、地域のまとまりを単位として、活動組織や集落という地域を対象とした支払」と説明されている[4]。これは水田については一応説明になったとしても、畑や樹園地については説明がつかない。また「地域ぐるみ」農業というなら、集落営農の育成を除き、構造政策はなじまない。

　そもそも前述のように直接支払政策の国際標準への準拠をうたい文句にしながら、「日本型」を強調すること自体に無理がある。

───────────────

（3）小田切徳美「『活力創造プラン農政』と地域政策」『ポストTPP農政』農文協ブックレット、2014年、67ページ。脱却農政の農村政策全般については同論文をあたられたい。
（4）天野・前掲論文、62ページ。

2．政策評価

地域資源共同管理補助金

　この政策は「日本型直接支払」などと格好をつけるから面倒になるが、「直接支払」というのは、政府が価格を通じないで直接に支払うという意味に過ぎず、内容的には従来の補助金・交付金と同様である。「交付金」を名乗ってはいるが、目的限定的という意味では補助金が妥当だろう[5]。では何への補助金か。前述のように高齢化や離農で維持しがたくなった地域資源共同管理への一部補助である。それ自体は現実に要請される政策の重要な一環だと評価できる。

　しかし従来は「むら仕事」として行われてきた作業に対する補助という点では、少なくとも畦畔・農地法面の草刈はおかしい。これは本来、当該農地の経営者が遂行すべきものである。それもまた多面的機能を維持するための活動ではあるが、担い手支援というもう一つの目的への貢献の面が強い。ほんらい個別経営が行うべき作業を地域に担わせる政策設計は担い手を甘やかすものでしかない。

　その矛盾は次の点に現れる。すなわち脱却農政は、担い手として地域外・農外企業の新規参入まで含めている。地域外の企業が農業参入してきた場合に、彼らが本来はやるべき畦畔管理まで、何が悲しくて地域がやらなければならないのか。

　その点を除けば、地域資源共同管理補助金としてはそれなりに現実性をもった政策といえる（「共同」の是非については後述する）。しかしその脱却農政における位置づけとなると、それは社会政策として、増大する離農者、土

（5）小田切は「『多面的機能支払』という名称は必要がないのではないだろうか」とする（同・前掲論文、68ページ）。荘村等も多面的機能支払の前身となった農地水管理支払制度を「直接支払と呼称すべきか否かについてはより注意深い議論が必要」としている（荘村幹太郎・木村伸吾『農業直接支払の概念と政策設計』農林統計協会、2014年、126ページ）。

地持ち非農家をも農政の対象として支配体制への社会的統合機能を担う政策ということになる。安倍政権は2014年後半から地方政策に力を入れるという。自民党の地方の集票基盤の立て直しがその狙いである。この政策もその走りだといえるが、個人の所得にならないわずかな金で担い手貢献的な共同作業を押し付ける政策が、社会的統合策に寄与するとも思えない。

とくに問題は、それを国際標準の「直接支払」、かつ「日本型直接支払」とするところにある。

多面的機能支払に関連した農水省文書では「多面的機能とは、水路、農道等を含め、農地を農地として維持することにより発揮される、国土の保全、水源かん養、景観形成等の機能」とされている。これは農地そのものの機能といった著しく静態的な把握である。しかるに新基本法第３条は「農村で農業生産活動が行われることより生ずる……機能」という動態的把握をしている。つまり農業生産活動＝多面的機能供給であり、農産物生産と多面的機能の発揮は「結合生産」であり、分離不能である。

また国際標準（多面的機能を容認するOECD）でも多面的機能は「農業生産との一体性」がポイントである[6]。

多面的機能支払が例示している作業の多くは、〈地域資源維持→農地維持→農業の多面的機能維持〉という「一体性」を有している。しかし大元となる政策体系の設定では、本来は農業生産として、さらには「むら農業」として、一体的になされてきたものを、農業生産を「産業政策」、多面的機能維持を「社会政策」として峻別し、それぞれ別の主体に担わせようとしている。それはそれぞれが「一体」ではなく独立に供給されうることを想定させる。このように政策体系の仕組み方自体が、「農業生産と不可分一体の多面的機能の発揮」という多面的機能の概念を損うものである。

そもそも「多面的機能支払」とは「多面的機能に対する支払」という含意だろう。しかし多面的機能は外部経済だから貨幣換算できない。敢えて擬制

（6）作山巧『農業の多面的機能を巡る国際交渉』筑波書房、2006年、荘村幹太郎・木村伸吾『農業直接支払の概念と政策設計』（前掲）。

計算すれば莫大になる[7]。

　現実には先の単価設定にもみられるように共同作業コストを一応の基準にした「多面的機能を維持するための資材・労働コスト補償」に過ぎない。しかも前述の「賃上げ交渉」にみられるように、客観性を欠くが故に政治的恣意が作用する。社会的統合政策としての「つかみカネ」というのが真実に近いだろう。

「日本型」とは

　政策の自己認識については前述した。まとめれば「地域を対象とした支払」ということのようだ。それは中山間地域直接支払の「成功」体験を踏まえたもののようである。それはよい。しかし中山間地域のみでなく、全地域の農地に普遍化するとなると、それだけでは済まなくなる。

　実は、前章でみたように、地域普遍的な直接支払政策の走りとしての品目横断的政策（経営所得安定対策）は、直接支払の政策対象を一定規模以上に絞り込む点で、日本初ともいえる露骨な構造政策とリンクしていた。直接支払政策を国際比較した場合の「日本型」とは、この構造政策とのリンクにこそある。それは構造改革が「完了した」欧米に比して構造「改革」の途上にある日本の独自性でもある。いいかえれば国際的には直接支払政策は構造政策の完了を受けてなされる政策であり、そうでない日本がやるから「日本型」なのである。

　中山間地域は構造政策の限界面（構造政策の有効性が乏しい地域）に位置する。それを直接支払で手当てする政策は正統だったが、その中山間地域直接支払にも構造政策的要素が付与された。そしていま、多面的機能支払もまた担い手貢献という名目で構造政策にリンクさせようとしている。そうしなければ政策を正統化できない、直接支払をそれ自体として政策として自立させえない、日本農政の弱みの表現が「日本型」である。

───────────────────

（7）日本学術会議は2002年に8.2兆円と試算した。

直接所得支払打ち切り政策

　「直接支払」の原義は「直接所得支払」である。しかるにこの多面的機能支払は経営にではなく地域に支払われ、個別経営の所得には、労賃支払を通じて以外はつながらない。「所得支払い」ではなく「コスト支払」である。にもかかわらず、それは「農業・農村所得倍増戦略」のなかに位置づけられ、所得倍増につながるかのイメージを振りまく。その点からも「直接支払」を名乗るべきでなかろう。

　しかしこの政策の最大の狙いは、直接支払政策であるよりも、正確には直接所得支払政策の打ち切りの点にある。その出自からしてそれが民主党の戸別所得補償政策に対する対案政策として打ち出されたことは前述した。その「所得補償」的要素を払拭し、「生産活動にリンクしない」デカップリング政策という新自由主義的な政策への純化を図る。それに「日本型」を冠することにより、日本の直接支払政策は本政策をもって終り、後は打ち切り、という意味をもたせる。

　次節あるいは次章で触れるように、2014年の米価は概算金で9,000〜7,000円台に下落している。脱却農政は米生産コスト4割ダウン、60kg当たり9,600円の生産費をめざしているが、また関税ゼロの場合の輸入米価（卸価格）を7,000円と想定しているが、それらは既に2014年産米価でクリアされてしまいそうである。しかし現実の米生産費とのギャップがいよいよ拡大する。それを何らかの形で補てんする必要があるとしたのが民主党の戸別所得補償政策だった。今後、生産調整政策が廃止され、TPPで米の関税が引下げ・撤廃されるとなれば、米価はさらに下がり、生産費との隔差を拡大していく。それが既に2014年産米価に現れている。

　それに対して脱却農政はあくまでも規模拡大・コストダウンで対応する腹である。しかし生産調整政策の廃止、外国米の輸入は、価格変動を激しくする。それに対して脱却農政が用意しようとしているのは、前章末に述べた収入保険制度のみである。「活力創造プラン」には「中期的には、すべての作目を対象とした収入保険の導入について調査・検討を進め、その筋道をつけ

る」とされている。

　しかし収入保険が対応できるのは価格・所得変動に過ぎず、隔絶的な対生産費格差、内外価格差ではない。「日本型直接支払」という名称での向後の直接所得支払政策の打ち切り宣言は、あまりに無謀、時期尚早である[8]。

　繰り返すが、この政策は、地域資源管理補助金としては、今の日本に必要不可欠である。その点に限って言えば、第一に、政策対象には、a.畦畔・法面草刈のような従来は個別経営が行ってきた作業と、b.むら仕事的な作業が混在しているが、一律に共同作業のみを支払い対象としている。そのため高齢者や兼就業者が時間の合間を見て個別に担っている（法人に利用権設定した構成員が再受託して作業する場合も含め）aは支払い対象にならない。中山間地域直接支払は共同作業でよかったが、その普遍化に当たっては共同作業ではなく地域資源管理作業に対する補助に一元化すべきである。共同作業に重きをおいた中山間地域直接支払さえ個別に配分する部分と共同で使用する部分の分割を認め、「直接所得支払」の実質を残していた。それを避けたのは、担い手経営を「むら」がサポートするという構造政策的要素が勝ったためだろう。しかし地域資源管理に対する所得支払をベースに共同作業は上乗せする等の仕組みの方が、額は別として、政策整合的である。

　第二に、その点を置いても、農地維持支払は農業者のみの集団も可、資源向上支払は非農家の参加必須と対象を分けつつ、後者の支払いは前者を前提とするなどの政策不整合性を是正する必要がある[9]。

　第三に、国民的支持を得るうえでも単価設定の根拠を明確にする。第四に、より根本的には産業政策と地域政策の峻別――産業政策からの社会保障政策の排除――を再考する。

（8）小田切・前掲論文、68ページ。
（9）天野・前掲論文、65ページ。

第2節　日本の直接所得支払政策

ヨーロッパの経験

　日本では「欧米では」という「出羽守」が幅をきかす後進国的風習があり、直接支払政策においても例外ではないが、欧米の経験はそれとして正確に学ぶ必要がある。

　EUでは1992年に、URの妥決を見越してCAP改革による直接所得支払政策への移行がはじまった。介入価格（支持価格）を穀物等で29％、バター5％、牛肉15％引下げ、耕種農業では3年以上の15％休耕を条件に、価格引下げと休耕に伴う所得減相当分を面積当たり直接支払で補償する政策が始まった。それまでの生産費に基づく支持価格を起点として、その引下げ分を補償するというこの原点を確認する必要がある。また1995年のWTO農業協定を踏まえて、国境措置としての境界価格を廃止し、輸入課徴金を関税に置き換えた。

　ついで1999年決定の「アジェンダ2000」改革で、介入価格をさらに15％引き下げ、その半分を直接支払に充て、残り半分を農村振興政策に充てた。1経営当たりの上限額と環境配慮が義務付けられた。

　2003年CAP改革では、基準年（2000～02年）の直接支払額を受給権とする「単一農場支払制度」に切り換えた。これにより当該年の価格や生産から完全に切り離された（削減対象外の）「緑の政策」になった。受給にあたっては環境負荷の軽減と適切な農業、環境維持の要件が付された。受給権金額は徐々に減らされ、農村振興政策に回された[10]。

　さらに2011年に提案され[11]、2013年に決定された2014～2020年のCAP改

---

(10) 拙著『食料・農業問題入門』大月書店、2012年、190～191ページ、2003年農業白書、村田武「日本型直接支払への提言」『月刊NOSAI』2013年3月号。
(11) 安藤光義「EU農政改革の方向」『農業・農協問題研究』49号、2012年。
(12) 農業情報研究所ニュース2013年6月30日。平澤明彦「EU共通農業政策（CAP）の2013年改革」『農林金融』2014年9月号。

革では、これまでの政策では、支払額が過去の生産額にリンクされるため、不耕作者を含む大所有者等20％の者が80％を取得してしまう「不公平性」が指摘されたが、それを是正するため、2014年基準の面積支払を2019年までに最低60％に増やすこと、直接支払の30％を環境改善行動に充てること（グリーニング支払）、グリーニング支払には、永年草地の維持、作物多様化（複合化）、生態系保全区域の拡大が条件づけられる(12)。

　要するに、〈生産費に基づく支持価格が原点→その減額分の直接支払→過去受取額基準の直接支払→面積基準の直接支払〉へと変化し、その都度、環境要件が付加され、減額分の農村振興策への充当が強化されてきたといえる。

　「活力創造プラン」は「EUにおいても、環境や農村振興を重視した直接支払へのシフトが進行」として、暗に農地維持支払等の「日本型直接支払」なるものが国際標準に沿うものであることをほのめかしているが、EUは生産費に基づく支持価格を原点として、その減額分の補償（compensate）からはじめて、20年もかけて面積基準支払への漸進的移行を果たしてきたことを看過すべきではない。

日本の直接支払政策

　多面的機能支払は、TPPによる関税の引き下げ・撤廃がないことを前提とし、また生産調整政策の廃止に先立って、民主党の戸別所得補償政策へのアンチ、対抗策として立案され、それをもって「日本型直接支払」に持ち上げてしまった。いわば後のない究極政策である。

　しかるにその後、生産調整政策の廃止が打ち出され、またTPPの行く末は予断をゆるさない。直接支払政策は国際的にも国境措置を取り払うことに対

---

(13) 荘村等は「多面的機能支払の導入は、関税を引き下げることになった場合に本格的に検討されるべき」とする（前掲書、105ページ）。逆に言えば国内要因については（市場メカニズムに委ねるべきで）直接支払すべきでないということでもあるが、関税引下げとの関連を明言した点は注目される。

表4-2　日本の主な直接支払政策

政策	主政権党	主な対象作目等	支払額の根拠
A．中山間地域直接支払	自民	傾斜地	平場との生産条件格差
B．経営所得安定対策(ゲタ)	自民	麦・大豆等畑作目	国内外との生産条件格差
C．米戸別所得補償政策	民主	米	標準的な価格と生産費の差
D．農業者戸別所得補償政策	民主	米、麦・大豆・新規需要米	米との所得均衡
E．多面的機能支払	自民	農用地区域内農地	共同活動費用

する代償として登場してきた。しかるに日本は、前章に見たように、米価が関税で保護されているにもかかわらず、国内要因から恒常的に生産費を下回る状況にある。加えてTPPの如何では壊滅的な打撃を受ける。それを避けるには、圃場の外回りの地域資源管理に対する集団向け直接支払だけではなく、圃場内（農業生産）、経営に対する本格的な直接支払が必要になる[13]。

　その場合に、EUがたどってきた道の到達点をいきなり輸入することはできない。むしろEUがステップを踏んでたどってきたプロセスを重視すべきである。

　これまでの日本の直接支払的政策は**表4-2**のようになる。自民党は、コメは関税で守られているとしてBにコメを含めず、米価下落を放置して選挙に負けた。民主党はその点をついて選挙に勝ち、C→Dに拡げた。C・Dは直接支払というより不足払いである。政権復帰した自民党はDをチャラにしてEに切り換えた。

　しかしE以前の自民党の直接支払いは、結局は生産条件格差に対する補償であり、生産条件格差は概ね生産費格差あるいは内外価格差である。EUの直接支払も、支持価格の国際価格水準への引き下げに伴う「補償」がその原点だった。

　いずれも「補償」の根拠に多面的機能や環境保護をうたうが、それらは市場評価（貨幣計算）できない。そこで算定根拠は究極のところ、生産条件（生産費→価格）の格差是正に行き着くが、価格に関連づけるとWTO上の「黄の政策」（削減対象）になるので、多面的機能や環境にリンクさせている。

　それに対して自民党は前述のように、多面的機能の対価＝「農地を農地と

して維持するためのコスト」としたいようだが、両者は全然別のものだし、農地維持コストは前述のように経常的には生産コストとして市場評価（価格にオン）されるべきものである。

　かくして自民党農政が、そのA・Bの継承の上に直接支払を仕組むとしたら、TPPで関税撤廃したら影響を受ける全作目に内外価格（生産費）差を「補償」するしか道はない。石破幹事長は、コメなどを「死守する」と言った発言の趣旨を問われて、「関税死守」とはいわず、「国内で、持続的な生産が可能であるということだ」と答えた（日本農業新聞2013年4月16日）。農業の持続性を関税以外の道で確保しようとしたら、内外価格差を補填する直接支払しかない。

　その総額はどれくらいになるか。関税を全廃したら政府統一見解でも2.7兆円の農業生産額減、土地利用型作目だけでも1.3兆円の減になる（2010年の試算では土地利用型で2.2兆円超の減）。非土地利用型の作目には面積当たりの直接支払は不向きである。そこで畜種別経営安定政策、野菜価格安定対策がうたわれている。TPPで畜産物の関税を撤廃すれば1.3兆円の生産額減になる。土地利用型と合わせれば2.6兆円の減で、ほぼ全農林予算に匹敵する。

　そもそも直接支払政策は、農産物輸出国にとっては、安い国際価格で農産物を輸出しつつ、それと割高な生産費との差額を埋める輸出補助金の機能をもつ[14]。EUの直接支払は域内の環境保護の増進に役立つ方向にグリーニングされつつあるが、EUが輸出地域である限り、域外農業攻撃的に作用する点は変わりない。そのようななかで、輸入大国・日本が行う直接支払政策は、そのような対外攻撃力をもたずに環境に優しい農業を構築していくうえで、まさに「日本型直接支払」を誇れるのである。

　現実の脱却農政は、たかがアンチ民主の政局農政のために、その貴重な「カード」[15]を費消してしまう。のみならず、TPP妥結でそのような厖大な補

---

(14)拙著『食料・農業問題入門』（前掲）201ページ。
(15)小田切・前掲論文、68ページ。

償が必要になる前に、安上がりな直接支払を補償とは別の論理で仕組んでしまえ、というのが日本型直接支払だとしたら、それは亡国の農政である。

第5章

構造変化と構造政策

はじめに

　高齢化が極まるなかで農業構造が動き出している。問題は構造改革を誰がどのような形で担い、構造政策がそれをどうサポートするかである。本章2節でふれる「むら農業」という日本農業の現実に即した地域内発的な動きもあれば、第1章1節でふれたような、農外企業を含む法人企業化の方向で加速させようとする脱却農政の動きもある。

　本章は、次章の農業委員会や県農地中間管理機構を考える前提として、第1節で、構造変化と構造政策を概観する。第2節ではとくに法人化に焦点を合わせて、法人化推進政策の功罪を論じる。

　本章では、高齢化と水田農業の構造変化に焦点をあてるが、農業構造を論じるには、本来、土地利用型農業と集約的農業、水田作と畑作、平場と中山間地域の相違を十分に踏まえる必要がある。

第1節　構造変化と構造政策

1．農業構造の変化

高齢化農業の位置付け

　構造変化を促す最大の内的要因として、家族経営の世代継承ができなくなった結果としての高齢化の進展がある。2010年センサスで基幹的農業従事者の61％が65歳以上になり、「限界集落」の規定をもじれば「限界農業」的状

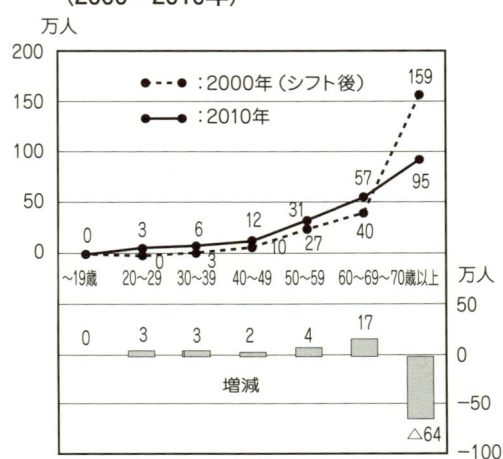

図5-1 基幹的農業従事者のコーホート分析
（2000～2010年）

（グラフ：2000年（シフト後）と2010年の年齢階層別人数（万人））
～19歳：0／0
20～29：3／3
30～39：3／6
40～49：10／12
50～59：27／31
60～69：40／57
70歳以上：159／95

増減：
～19歳：0
20～29：3
30～39：3
40～49：2
50～59：4
60～69：17
70歳以上：△64

注1．図の「2000年（シフト後）」は2000年の人数がそのまま2010年に移行したと仮定した数。
　2．農水省経営局「農業経営構造の変化」（2012年12月）による。

況になった。

　10年前の人口がそのまま1世代上に繰り上がったと仮定した人口（以下「仮定人口」）と実人口を比較すると（図5-1）、2010年の70歳未満では仮定人口より実数が増えており、定年年齢の帰農が見られる。しかし70歳以上になると実数は仮定人口に比して40％も少なく、補充を上回るリタイア・死亡がみられる[1]。

　2000年の60～69歳は2010年には70～79歳であり、それに対して70歳以上は当然に80代以上を含む。従って2000年に70代だった者の減少はさらに大きいといえる。また2005年の70～74歳は433千人、それに対して2010年の75～79歳は333千人なので減少は70代前半から始まっているといえる。

（1）2010年の70歳以上（実数）には80代以上も含まれるので、実際の2000年における60代の減はもっと大きい。

同じ推計で、60代以下の基幹的農業従事者は2010年に110万人だが、10年後には63万人、20年後には36万人に減るとされている。ちなみに70代以上も16万人→9万人→7.4万人とより緩慢ではあるが減っていく。

最多階層を占めるという意味で日本農業を支えてきた70代以上層のリタイアが強まることは今後の構造変化の加速化を予想させる。

ではいったい、何歳まで農業できるか。田畑保は統計分析から、定年帰農後も「健康に恵まれば70歳代後半までは基幹的農業従事者として働く」、「農業従事からのリタイアが全面的に進むのは85歳を過ぎてから」、「定年後加齢によりリタイアするまでの15〜20年間という短期間ながらも、いわばショートリリーフとして自家農業を支え、ムラの一員としてムラを現に支えている」[2]としている。

先の推計からすればやや楽観的かもしれないが、このような「日本型老後」のあり方を踏まえた対応も一つの課題である。第一に、定年帰農のサポート。例えば長野県の南信州農協は敢えてウイークデーの昼間に「帰農塾」を開いて好評である。第二に、高齢労働力の地域農業における位置付け。多くの集落営農は定年帰農者を首を長くして待っている。機械作業と畦畔・水管理作業の年齢別分業が鍵である。第三に、新規就農者の確保。先の農協は同時に農協独自の新規就農者支援策を講じている[3]。

この点で留意すべきは、定年帰農や新規就農自体は地域農業にとって重要だが、経営者としては直売所向けの畑作農業や有機農業等をめざすケースが多く、必ずしも土地利用型農業には向かわない点である。土地利用型農業への関わりは法人等への雇用のケースが多い[4]。

---

(2) 田畑保「21世紀初頭における日本農業の構造変動と歴史的位相」『明治大学農学部研究報告』62巻4号、2013年。
(3) 新規就農については、農林金融研究会編『新規就農を支える地域の実践』農林統計出版、2014年。
(4) 最近は、はじめから青年の雇用を主体に考えて法人を立ち上げ、法人役員が、将来の担い手に育て上げるべく青年を指導する体制をとるところもある。

そうなると土地利用型農業においては、彼らの雇用元としての法人化も含め適切な対応が必要になる。

動き出した農業構造

高齢化・リタイアを背景として構造変化が進みつつある。家族経営体の階層別農地保有をみると（2010年）、20ha以上に26％、10ha以上だと35％、5ha以上のトータルでは45％が集中している。また法人への集積割合は4％である[5]。「担い手」（認定農業者、集落営農等）への利用権ストックの集積率は49％とされているので、上述の〈5ha以上家族経営と法人の農地保有率〉と「担い手」への利用権集積率がほぼ等しくなる。現実には農地保有には自作地もあるし、任意集落営農への作業集積も相当量あるとみるべきだが、集積の主流が利用権になっていることに変わりない。

利用権設定は2010年で農地面積の21.4％を占めるに至った。1990年に年5万haだった利用権の新設・更新は、2011年には16.6万haに延びている（3.2倍）[6]。地域別に見ると、4倍以上が東北、東海、東山、平均以上の3倍台が関東、北陸（北海道は3倍ちょっとだが所有権移転が多い）、それに対して近畿以西は2倍台で東高西低といえる[7]。西低の背景には畑や樹園地、任意集落営農の存在があろう。農地集積の促進も全国一律にではなく、東西の違いを踏まえる必要を示唆する。

以前の賃貸借はかなりの程度まで階層内対流的だったそれが、最近は前述

（5）農水省経営局「農業経営構造の変化」2012年12月。法人が農地利用面積に占める割合は2013年には6.7％に増大している（2014年農業白書）。
（6）政権再交代後の2014年の農業白書は「すべての販売農家に対して生産費を補填することは、農地の流動化のペースを遅らせる等の政策的な問題もありました」と民主党の米戸別所得補償政策を批判している。実態的に遅らせたといいたいのか、「政策的な問題」すなわち政策の仕組みがそうだといいたいのか不明だが、いずれにしても実績を見る限り利用権設定面積はペースダウンしておらず、むしろ増えており、批判は当たらない。
（7）農水省経営局農地政策課『農地の移動と転用　平成23年』2013年。

のように明らかに上層シフトしている。利用権の10ha以上への集積率をみると、1990年10％、2005年18％だったのが、2011年には31％に上昇している。それは特にここ５、６年のうちに強まった傾向である。地権者も階層内対流では高齢化に対応できず、持続的（世代継承的）貸付け先（二世代専従経営）を選好していると言える。

　農地の２割に利用権が設定され、その３割が10ha以上に集積される状況下では、利用権の量的増大を図りつつ、その質を高めること、すなわち作り交換を通じて団地化を図る必要がある。そのためには地権者理解もさることながら、担い手自らの組織化、たんなる協議会組織を越えて作り交換する実践組織への脱却が不可欠である。担い手同士の借地競争にうつつを抜かしていると自分の首を絞めることになる。

　2011年の利用権設定16.6万haに対して所有権移転は2.8万ha、しかも2/3は北海道が占める。傾向的にも府県は減少しているが、北海道は80年代後半以降、増大傾向にある。北海道のそれは「いえ」がなく、家産意識が乏しいことが一因だが、そのような状況は府県でも強まりつつある。府県でも、遠隔地等では、過去の土地改良償還金の滞留、通勤不可能からくる家の後継者の確保難、地価下落等から、家産として所有している意味が薄れ、所有権移転も増える可能性がある[8]。集落営農等にも農地を買って欲しいという申し出がある。所有権移転を特殊なものと片付けず、利用権とともに注目していく必要がある。

（８）拙著『地域農業の担い手群像』農文協、2012年、第５章、終章。そこで対象とした津軽平坦の場合、自作地拡大が主流である。全国農業会議所調査による純農業地域の中田価格（2011年）は、青森県は10ａ46万円で都府県最低、筆者の調査では30万円程度である。

　　最近では平場農業地帯でも、被相続者から「持っていても経費がかさむだけ」ということで無償譲渡の希望もでている。

水田作担い手の経営像

　地域ではどのような担い手が求められているのか。津軽平坦での調査から経験則的に、地権者にとって安定的（持続可能）な貸し付け先としてみなされるのは経営の世代継承性をもつ二世代専従経営で、それは米麦作経営の規模にして30ha以上とみる。30ha以下だと夫婦経営、10ha以下だとワンマンファームになり世代継承性の点で不安定になる。また50ha以上になると家族労働力を主体としつつも常雇が入り法人化が必要になる。

　規模は労働力燃焼、機械装備、経営採算に規定される。生源寺は「現在の標準的な技術体系を前提にすると、おおむね10haの作付面積でコストダウン効果は消失する」とし、生産調整を考慮すると経営面積で15～20haがベストとする。現実にはさらに大規模な経営が展開しているが、それは複数作業ユニットの同時並行であり、経営としては6次産業化でのロット確保に強みを見いだしている、としている[9]。

　この10ha限界＝ユニット説は2008年度米生産費調査の全入生産費にも基づくもので、ほぼ通説化しているが、前述の筆者の二世代専従経営の規模条件とややずれる。10ha限界説は、第一に、分散錯圃の実態の上に立つのではないか。それに対して集落営農（法人）等は集落規模で分散状態をクリアしている。また最近の大規模経営はかなり作業エリア単位の団地化に成功している。第二に、10haを超えると機械装備が段階的に変化するが、次の段階の適正規模までの拡大がなされておらず、中途半端になっていないか。第三に、大規模経営は独自の販路をもち有利販売を追求しているが、その場合にはコストダウンが唯一の追求ではない。地代率（粗収益/コスト）の相関関係で労働力の許す限り集約化許容度をあげる（その限りで高コスト化）可能性がある。

　しかし、個別の二世代専従経営の成立規模が30haだとすると、それへの集積は平均的な集落農地を飲み込んでしまいかねない。それに対してより現

（9）生源寺眞一『日本農業の真実』ちくま新書、2011年、第3章。

実的普遍的な規模拡大の経路として集落営農（法人）化が考えられる。東日本大震災の津波被災地農村で印象的なのは、第一に、現地の農業関係者の声として、離農が6〜8割に達するのではないか。第二に、かつての転作協業組織等の経験を踏まえた集落営農の追求がかなりみられる。なかには個別経営で手広くやっていた農家が奥さんを亡くしたりして縮小を余儀なくされるなかで、集落から組織化の取組みが始まっているところもある[10]。

　集落営農（法人）は前述の規模拡大に伴うネックとしての耕地分散を止揚したところから出発できる利点がある。しかし、水田作組織法人の平均像を2012年度についてみると（農業経営統計調査）、作付延べ面積31ha、農業従事構成員数15人、投下労働時間5,200時間（専従者換算で3〜4人ではないか）で、販売額（作業受託収入込み）3,500万円、農業経営費（物財費＋雇用労賃）3,000万円、差し引き農業所得500万円、制度受取金等1,400万円である。販売額は物財費＋aをカバーする程度に過ぎず、総農業所得1,900万円の3/4は制度受取金である（専従者換算1人当たり500〜600万円）。効率的ではあるが、制度受取金抜きの安定的経営とは必ずしも言えない。

　以上は平場水田農業を主にしたが、高齢化は中山間地域ほど進んでおり、また中山間地域での農地集積の効果は乏しい。中山間地域は畑作・果樹作も多く、必ずしも農地集積になじまない。そのような地域の農業、あるいは定年帰農農業をどう持続させるかが大きな課題である。それは構造政策の課題である以上にマーケティング、6次産業化の課題かもしれない。地域住民（農家）等が自主的に取り組みだした直売所が「若いおばあさん」の活動の場になっていたり、主要道から外れた地域では、自治体が都市への直売のための第三セクターを作ったり、いろいろな試みがみられる[11]。

---

(10) 拙稿「東日本大震災被災地農業の復興過程に関する調査報告」、『大妻女子大学紀要　社会情報学研究』22号、2014年。
(11) 拙稿「持続可能な中山間地域に向けての自治体・農協の課題（1）（2）（3）」『農業・農協問題研究』51〜53号、2013〜14年。

2．政権交代下の構造政策

農政がめざす経営像の変遷

　農業基本法（1961年）は主な従事者の時間単位所得が他産業従事者と均衡する「自立経営」をめざしていた。所有権の拡大により経済的に自立した夫婦と未婚の子弟からなる近代的家族経営である。しかしそれが思うように増えず、他方で家族経営の自己完結性が失われていくなかで、1970年代に作業受託や賃借等により周辺農家の中核となる「中核的担い手」が重視されるようになり、いつの間にか「中核的」がとれて「担い手」となった。「担い手」には「社会的負託に応える」という含意があり、独立の「自立経営」とは概念を異にする。

　それがガット・ウルグアイラウンドでの米自由化を見越した新政策（1992年）において主たる従事者の生涯所得が均衡する「効率的かつ安定的経営」が新たな経営像とされ、家族よりも個人の集合体としての経営が重視され、彼らが「農業生産の相当部分を担う農業構造の確立」が目指された（これらの考えはそのまま1999年の新基本法にとりいれられている）。翌年の経営基盤強化促進法で、効・安経営になるための計画を市町村に認定された認定農業者制度が発足し、彼らは低利のL資金を借りられるとともに、農地の集積対象となった。

　新基本法に基づき5年ごとに基本計画が定められ、そのなかで10年後の「農業構造の展望」が示されることになっているが、2000年計画では家族農業経営33～37万、法人等3～4万、水田集積率6割、2005年計画では集積率7～8割、2010年は政権交代下で同様の形では示されていない。

　前章でみたように2006年の前安倍政権で、個別経営は都府県4ha、北海道10ha、集落営農20ha以上のみを対象とする品目横断的政策（経営所得安定対策）が導入された。この選別政策が不評の一つとなり政権交代になった。

人・農地プラン

　菅政権下で、「高いレベルの経済連携」（TPP）の推進と農業との両立をめざして、2011年に「我が国の食と農林漁業の再生のための基本方針・行動計画」が定められた。そこでは「一定規模を示して、それ以下を政策の対象から外すことを目的とするものではない」と断りつつも、「5年後に平地で20～30ha、中山間地域で10～20haの規模の経営体が大宗を占める構造」がめざされた。それは集落の平均規模が10～30haであることを踏まえたもので、「個々の経営体が20～30haの規模にならなければならないということではありません」としているが[12]、集積率は8割が目指されている。1集落1農場制のようなイメージなのか、自民党をはるかにしのぐ構造政策の提起なのか判断がつかない。

　その実現をめざして、地域で「人・農地プラン」（地域農業マスタープラン）を作成する。プランでは地域の中心となる経営体（新規就農を含む）とそこへの集積計画が定められる。具体的には市町村が推進方針とプラン作成の地域単位（集落）を決め、そこでの徹底した話し合いを踏まえて市町村が原案を作成し、市町村検討会を経て市町村が決定する。集落等の話し合い、市町村の検討会には必ず女性や青年が参加することとされている。2014年3月現在では1市町村当たり9つの地域単位が設けられているので、平均すれば藩政村・明治村単位といえる。どの範囲で担い手を確保しうるか、その集積エリアとの関係で「地域」が決められていくものと思われる。

　プランに位置づけられた場合は、青年就農給付金、農地集積協力金（離農などに対する経営転換協力金、分散錯圃解消協力金、規模拡大加算）が得られる。ただし農地の貸し付けは後述する農地利用集積円滑化団体への白紙委任が前提になる。

　「人・農地プラン」はその前提や性格に曖昧なところをもちながらも、地

---

[12]『季刊　地域』10号、2012年における農水省経営局発言。その他、「人・農地プラン」の実態についても同誌参照。

域の徹底した話し合いを通じて担い手への集積を図ろうとする点では画期的なものであり、自民党政権にも引き継がれている。

脱却農政の構造政策

2013年の「日本復興戦略」や「農林水産業・地域の活力創造プラン」では、10年間で担い手に農地の8割を集積し、現在の米60kgあたり全入生産費16,000円を9,600円に4割ダウンするという目標を掲げている。8割集積という目標は2005年基本計画や「基本方針・行動計画」と変わりない。新たな提起は4割コストダウンの「コスパ」作戦である。

9,600円という水準は米生産費調査における米作付15ha以上層（最上層）の支払い利子・地代込み生産費にほぼ等しい。そして統計における15ha以上経営の平均像は米作付21ha、経営面積35haである。つまり9,600円へのコストダウンは、現状の数値を前提とすれば、そういう経営像の追求である。「活力創造プラン」はこのような農業構造の描写を農政審での基本計画の見直しにゆだねるとしているが、答は既に出されている。

すなわち2011年の稲作面積は157万ha、その8割は126万ha、それを21haで割れば6万経営になる。しかし集積の実績は20ha以上に限定すれば、なお1/4である。

経営面積35ha、米作付21haは、前述の津軽平野での二世代専従経営像にほぼ重なる。その意味では必ずしも非現実的ではない。しかしそれは津軽という一面の田んぼが広がる、しかも出し手の多い平坦地水田農業の姿である。農政は担い手に8割集積を目標にするが、水田の4割は中山間地域に存在する。それらを考慮すればやはり非現実的であり、とくに中山間地域水田農業をどうするのかの課題が残されている。

TPP軟着陸路線

2013年3月のTPP交渉参加に際しての政府統一試算で示された外米価格は60kg7,000円程度である。関税が撤廃された場合に7,000円の米が輸入され

るとして、国内価格もそこまで下がった場合に、生産費9,600円との差額を直接支払で補償しようとすれば、米消費800万 t とした場合の総額は3,500億円程度になる。その程度の負担でTPPを軟着陸させるのが脱却農政の狙いではないか。経済同友会は、10年後には補償する生産費の上限を7,000円においているので、これだと直接支払いゼロですむ。

いずれにせよTPPを受け入れ、生食用米の関税撤廃をまぬがれたとしても、米調整品等の関税が外されれば、実質的に安い外米が輸入され、生産調整政策は無効になる。そこで脱却農政は、生産調整政策の5年後廃止（国の目標数量配分、生産調整インセンティブとしての米直接支払い1.5万円の廃止）を打ち出した（第3章2節）。

政府は飼料米シフトを過剰回避の切り札にしているが、飼料米生産には限界があるとすれば、卸業者等は生産調整政策の廃止で直ちに米価は2〜3割ダウンすると見越している（日経、2013年12月6日）。2012年に1.5万円程度だった米価も2013年産は1.2〜1.3万円にダウンしている。

さらに2〜3割ダウンとなれば、生産調整政策廃止だけで米価は生産費9,600円水準になってしまうが[13]、前述のように2014年産の米価は9,000円台以下も見込まれており、既に現実が政策目標をクリアしてしまう状況にある。

TPPが現実のものとなれば、実際に米輸出を伸すのはベトナムとされている。ベトナムには日本人技術者がコシヒカリの伝授に入っている。その価格水準がどうなるかは不明だが、先の7,000円といった高値でないことは確かで、補償額は累積することになり、軟着陸はより困難である。

これまでの述べたことを再確認すると、第一に、TPP受諾と生産調整政策の廃止は表裏一体である。第二に、「農地利用」としての飼料米生産は改良困難な湿田や不作付地の利用としてはともかく、今後の転作増大を一手に引受けるほどの拡大は困難である。また規模拡大が進んでいる担い手経営は、

---

[13] 鈴木宣弘は生産調整が2015年から徐々に緩んでいくと仮定した場合、2024年の生産者米価は10,000円前後になると推計している（2014年6月28日の農協研究会報告）。

市場メカニズムの下では生き残りをかけて主食用米生産競争に走るので、生産調整政策の廃止はTPPに先立って米価下落を招く。第三に、それでも強行するなら、欧米が自由化とともに選択した保証価格の引き下げをcompensate（補償）する直接支払政策的なものに移行するしかない（第4章2節）。

農地中間管理機構

　農政は、TPPで農産5品目の聖域確保を建前としつつ、現実にはそうはいかないことを見越して、その際の補償額を減らすべく、コストダウン、そのための面的集積に躍起である。このたび農地中間管理事業（機構）が打ち出された背景もそこにあろう。同事業（機構）そのものについては次章で詳述するので、ここでは構造政策上の経緯のみ触れる。

　冒頭にみた高齢化・離農という事態に鑑みれば、TPPの如何に関わりなく、手放される農地を担い手に面的集積していくことは喫緊の課題であり、問題はそれをどのようなルートで行うべきかである。

　農地の面的集積の手法としては、2009年の農地法改正と農業経営基盤強化促進法の改正を通じて農地利用集積円滑化事業（団体）が打ち出され、前述のように「人・農地プラン」を通じる中心的経営体への農地集積は同事業を活用することとされている。

　農地利用集積円滑化事業は、それまでの農地保有合理化事業を通じる中間保有・転貸借方式について、「農地の保有リスク等から取組の広がりには限界」があると指摘され、「中間保有リスクを回避するために委任・代理方式を中心に推進」するものとされた（当時の農水省資料）。

　今回の「活力創造プラン」でも、合理化事業は、①売買中心で（賃貸借には）消極的姿勢、②個々の相対協議を前提としており、地域全体として農地流動化を進める気運にない、③財政支援も不十分で実績低調、とされている。

　①については福島県、山口県等、集合的利用権事業等に積極的に取組む合理化法人もあり[14]、要は手数料収入を少額しか徴収できない賃貸借に対す

る財政支援がなかったのが「消極的姿勢」の原因であり、②はそうであったとしても「人・農地プラン」と連動することで克服可能であり、③はだったら国が支援すれば良かっただけで、天につばするような非難である。

こうして鳴り物入りで登場した円滑化事業だが、はやくも農地中間管理事業にとって代られようとしている。その理由としては、円滑化団体の過半を農協が担ったが、農協は組合員組織の性格上、組合員の資産移動に積極的に関与するのは難しく、「相対取引」を制度にのせることに終わり、面的集積の積極的推進にはならなかったことが挙げられよう。そして脱却農政は農協に対して経済事業特化を命じている。少なくとも農地集積の促進主体としてはお払い箱である。

そもそもは面的集積を果すには、仲介機関が、たとえ白紙委任を受けたとしても、中間保有することなしに斡旋するだけの方式では限界があり、機関が農地を借り入れて中間保有しつつ面的に集積した上で貸し出す転貸借方式が不可欠であり[15]、農地中間管理事業（機構）はその要請に応えるものといえる。しかし、そこに財界要求（農外企業の進出ルートの確保）が加わる点が、従来の農地保有合理化事業のたんなる延長にとどめ得なかった真の背景である。

第2節　集落営農と農業生産法人

自家で後継者を確保できず高齢化し一代限り化する家族経営の状況への日本的な対応として集落営農の展開が見られる。その5年後法人化が義務付け

---

(14) 拙稿「農地保有合理化事業を通じる面的集積体としての集落営農」『土地と農業』43号、2013年。
(15) このような農地保有合理化事業の方式がいかんなく発揮された事例として島根県出雲市の斐川町農業公社の事例があげられる。拙著『混迷する農政　協同する地域』筑波書房、2009年、第4章第4節、同『地域農業の担い手群像』（前掲）第3章2。

られたことから、法人化政策の功罪が取りざたされている。

　2014年は国際家族農業年ということもあり、「家族農業を守れ」の声が高いが、家族経営は家族内から後継者を確保しえずして経営継承は難しいという限界をもち、それをどう克服するかは各国の状況によりけりで、それを明らかにすることこそが急務である。

　経営継承者の確保には法人化は一つの有効な手段であるが、内的条件の成熟を待たずして形式的に法人化しても協業の内実が伴わないことになり、また法人化にはリスクも大きい[16]。

　農業法人には、大きくいってａ．個別家族経営が法人成りしたケース、ｂ．集落営農組織の法人化、ｃ．農外企業等の農業参入のための法人設立の三形態があり、最近ではいずれも従業員を雇用し、その意味では「資本主義化」しているケースが多いが、その性格をどうとらえるかも課題である[17]。

法人制度の発足

　日本農業は長らく自然人、農家、家族農業経営により営まれてきた。農業基本法（1961）も「家族農業経営の発展と自立経営の育成」（第15条）を目的とした。同時に「生産工程についての協業」「農作業の共同化」「農業従事者が農地についての権利又は労力を提供し合い、協同して農業を営むことができるように農業従事者の協同組織の整備」をうたった（第17条）。以降の構造政策はこの両者を並行的に追及してきた。

　後者の受け皿として制度化されたのが1962年の農地法と農協法の改正による農業生産法人と農事組合法人（後者の一部は前者にもなる）だった[18]。

---

[16] 帝国データバンクは2006年から「農業法人の休廃業・解散動向に関する調査」を行っているが、2013年度は大震災後の2012年に次いで休廃業・解散が173件と多く、米穀・野菜・果樹、代表が60代以上、従業員5人以下に集中しているとする（TDB Watching 2014年7月8日）。

[17] 概してｂは賃労働雇用というよりも、担い手のインキュベーター機能を担おうとしている。なお、ａ～ｃの他に少数農家の協業化もある。

第5章　構造変化と構造政策　　149

制度は当初は「農業経営、農業労働、所有の可及的一致を図るという自作農主義の建前」にたち、「自作農をそのまま法人に引き写した」（関谷）ものであり、構成員は農地の権利提供者または農業への常時従事者に限定され、構成員以外からの借地は1/2未満とされた。いわば「自作農集団」の創設だった。

　構造政策は1970年農地法改正により「借地による流動化の促進に重点を移」[19]すようになった。それに伴い農業生産法人も自作農的な要件を外され、代わりに役員要件を設け、その過半が農地権利提供者かつ農作業常時従事者とされ、1980年改正では権利提供者要件も外され、農作業常時従事に一本化された。こうして法人は「耕作者主義」にたちつつ、「農業従事者の協同組織という性格に純化」[20]した。

　それはいわゆる戦後自作農主義の二重の転換だった。第一は自然人（農家）から、それに加えて法人へ、第二は、自作地から、それに加えて借地（利用権）へ。

　このうち第一の背景には三つの困難があった。一つはワンマンファーム化により家族による組作業（家族協業）組成が困難になった[21]。二つは家族内部から経営継承者を確保する形での農業経営のGoing concernが困難になった。三つは自然人の任意組織化では農地の権利取得の法的主体になれないという困難である。

　1つ目の困難がとりあえず要請したのは協業組織化だが、作業受託であれば任意組織で足りた。二つの目の困難には養子縁組という手もありえた。三つ目の困難にはとりあえず役員名義で借りることもできた。しかしそれらを制度的にクリアするには法人という器が必要になる。

---

[18]農業生産法人制度の設立経緯については、関谷俊作『日本の農地制度　新版』農政調査会、2002年、第2章三、拙著『集落営農と農業生産法人』筑波書房、2006年、序章。
[19]関谷俊作『改訂版　日本の農地制度』農業振興地域調査会、1981年、221ページ。
[20]関谷俊作『日本の農地制度　新版』（前掲）、168ページ。
[21]梶井功『小企業農の存立条件』東京大学出版会、1973年。

表 5-1　農業生産法人数の推移

年次	1970	1980	1990	1995	1999	2004	2007	2008	2009	2010	2011
農事組合法人	1,144	1,157	1,626	1,335	1,473	1,693	2,198	2,694	2,855	3,056	3,154
有限会社	1,569	2,001	2,167	2,797	4,091	5,584	6,818	6,896	6,878	6,907	6,572
株式会社						70	385	832	1,200	1,696	2,135
その他計	2,740	3,179	3,816	4,150	5,587	7,383	9,466	10,519	11,064	11,829	12,052

注1．2007年からは有限会社は特例有限会社。
 2．「その他」には合名・合資・合同会社を含む。
 3．農林水産省資料および『ポケット農林水産統計』による。

こうして制度はつくられたが、現実の農業生産法人の伸びは表5-1のごとく遅々たるものだった。農政においても「農業生産法人化を含む農業経営の法人化は政策上正面から取り上げられてこなかった」[22]。

法人化政策とその問題

その法人が突如として脚光を浴びるようになったのは1992年「新しい食料・農業・農村政策の方向」からである。新政策は、「今後、農業経営を続けていく上で、これまで以上に大規模な投資や様々な分野のノウハウが必要となり、企画・マーケティングをはじめとする経営管理能力の向上が求められる。このような経営の質的向上を図る手段として、農業経営の法人化を一層推進することが必要」であり、「家族農業経営、生産組織ともに、必要に応じ、また、熟度の高いものから法人化を推進」するとした。この新政策に基づいて93年農地法改正で農業生産法人の事業要件や構成員要件の見直しが行われた。

それまでの政策的推進は任意の生産組織化だったが、新政策は法人化推進政策の嚆矢となった。新政策の解説書は「今回新たに経営体質の強化の一方

---

[22] 衆議院調査局農林水産調査室『農地法の一部を改正する法律案について』2000年。新政策について解説した新農政推進研究会編『新政策　そこが知りたい』大成出版社、1992年、も「積極的に法人化を経営体質の強化手法として活用しようとの姿勢に欠けていた」とする（114ページ）。

策として経営体の法人化を明確に位置づけ」たとしている[23]。

新政策はさらに踏み込み「農業生産法人の事業、構成員等に関する要件を見直すべき」、農業生産法人の一形態という条件を付して株式会社の土地利用型農業への参入（農地取得）を検討すべきとした。

新政策の法人化推進政策には、その内的な条件の成熟もさることながら、外的な要因が強かった。第一に、折からの規制緩和政策であり、それが90年代には資本の農地取得を容易にする農業法人の要件緩和が財界要求としてし烈化した。第二に、ガット・ウルグアイラウンド（UR）で1991年12月にドンケル・ガット事務局長が「例外なき関税化」という最終合意案を打ち出し、農政はそれを米の自由化が避けがたいものと受けとめ、「経営体質の強化」としての法人化に走った。

しかし客観的には新政策には農外からの要求がより強く反映した。そして新政策が株式会社に言及したことを足掛かりに、1990年代には一挙に財界からの株式会社の農業参入要求が強まる。95年には経団連が「農業生産法人の構成員要件を更に一層拡大すべき」、95年の行革審小委員会は「株式会社の農業経営へのかかわり方、事業要件の在り方等について、幅広い検討を行うべき」、97年には経団連が再度、農業生産法人の事業要件、出資要件の緩和、さらには株式会社の農地借入、購入を段階的に認めるべきとした。

これらを受けて1999年には食料・農業・農村基本法が定められ、その第22条は「家族農業経営の活性化を図るとともに、農業経営の法人化を推進するために必要な施策を講ずる」こととした。新基本法は「家族経営の活性化」と「農業経営の法人化の推進」を「並列して規定」した[24]。翌2000年に農地法が改正され、株式譲渡制限をした株式会社も農業生産法人の一形態として認められた。その後、小泉構造改革における構造改革特区での試行を経て、

---

(23) 新農政推進研究会編『新政策　そこが知りたい』（前掲）112ページ。
(24) 食料・農業・農村基本政策研究会編『食料・農業・農村基本法解説』大成出版社、2000年、79ページ。

2009年の農地法改正で一般法人にも農地借入の道が開かれた[25]。

このように法人化政策は、①家族農業経営からの内的な移行の必要性、②グローバル化対応のための「経営体質」強化、③農外企業の農業進出ルートの開拓、という3つの異なる立場からの要請に基づいている。①は農業、②は農政、③は財界の立場である。

農家と株式会社では自然人と法人という範疇的な差異があった。しかるに前者も法人化するとなると、「法人化推進」には「法人の農業進出」を拒否しえない面が生じる。そして09年改正で一般法人も賃借が可になってからは、一般法人と農業生産法人の差異は、農地所有権の取得が認められるか否かだけにほぼ収れんした[26]。農地を耕作する者のみが農地の権利を取得しうるとする耕作者主義はこうして風前の灯火と化した。財界が脱却農政に所有権取得のチャンスを求めていることは第1章に指摘したとおりである。

以上の政策的推移から、1990年代以降のグローバル化のなかで②が始まり、それが③に火をつけ、それ以降の農地制度はもっぱら③への対応に終始し、ついに一般法人の農業参入に至ったといえる。それは法人化推進政策というより農外法人導入政策の展開であり、それが今日の農外企業を主体とする農業の成長産業化によりTPPに備えるとする脱却農政の展開につながる。

品目横断的政策と集落営農

表5-1にみるように、農業生産法人は1980年代には農事組合法人の伸びが大きく、転作・水稲の作業受委託段階の法人化といえるが、1990年代後半からは有限会社を主体に全体の伸び率が高まり、ようやく先に指摘した農業内的な3つの困難への対応が顕在化しだし、加えて米生産調整も100万haを超すようになり、転作集落営農（法人）化も進んだ。

---

(25) 一般法人の農業（農地）参入は、2010年末の364から2013年末の1392へ増大し（うち株式会社は235から858へ）、経営面積も3,178haに及んでいる。

(26) 規制改革会議答申は農業生産法人を「農地を所有できる法人」と規定している（第7章2節）。

表5-2　集落営農数と法人化率の推移

年次	2005	2006	2007	2008	2009	2010	2011	2012	2013	2014
集落営農数	10,063	10,481	12,095	13,062	13,436	13,577	14,643	14,742	14,634	14,717
うち法人化率	6.4	8.0	10.2	12.2	13.4	15.0	15.9	17.6	19.9	22.1

注１．農林水産省『集落営農実態調査』による。

　とくに2007、2008年は年率10％を超す生産法人の設立を見た。表5-2においても同年は集落営農と集落営農法人の急増をみている。とくに2007年には集落営農が15％、08年には同法人が29％も増えている。

　この2007、08年の「集落営農（法人）フィーバー」は、言うまでもなく品目横断的政策の登場によるものである。「経営所得安定対策等実施要綱」（06年7月）によれば、その加入対象者は、①認定農業者で北海道10ha、都府県4ha以上規模、②特定農業団体または特定農業団体と同様の要件を満たす組織で、20ha以上、とされた。このうち特定農業団体と同様の条件としては、㋑地域の農用地の2/3以上の利用集積を目的とする、㋺組織の経理の一括化、㋩農業生産法人化計画を有する等が掲げられた。そして実施要領で、㋑㋩は5年以内、また㋺は組織が販売名義を持ち、販売収入が組織代表者名義の口座に入金されることとされた。

　地域や農協系統は、とくに②を追求し、全ての生産調整参加農家が政策対象となるよう様々な創意工夫を重ねた。その対応を実態面から分けると概ね3つに整理される。

　a．ペーパー集落営農…4haにみたない農家を地域的に糾合し、4ha以上の農家・認定農業者も巻き込んで集落営農化を図り、20ha要件をクリアする。その場合に、要領では「当該組織の構成員が共同で農業経営を行う実態が存在せず、形式的に当該組織の代表者名義の口座を設け販売収入のすべてを構成員に分配している組織にあっては、経理の一元化を行っているとは認められない」とダメ押ししていたが、全く「農業経営を行う実態がない」と判定するのは困難であり、水稲については事実上の「ペーパー集落営農」「枝番集落営農」「何ちゃって集落営農」「張子の虎集落営農」と揶揄される事態

も生まれた。

　ｂ．協業集落営農…それに対して協業の内実をもつ集落営農化もみられた。
　ｃ．一挙法人化…農政は、任意組織化→特定農業団体化→特定農業法人化のステップを考えていたが、中山間地域の多い県等では１集落で20ha以上の集落営農要件を満たすのが困難なところも多く、その場合には特定農業団体の段階をふまず一挙に法人化して個別経営として４ha要件をクリアする動きも見られた。

　地域的には、概して、規模の大きな農家の多い東北等ではａが多く、小規模高齢農家が一般的な西日本ではｂが多く、中山間地域小規模集落が多い新潟、広島等ではｃが追及された。

集落営農と農業法人
　以上の三形態と法人化との関わりは次のごとくである。
　ａは法人化の如何にかかわらずとられた。その亜種として、地域リーダーに乏しいところでは農協出資型法人を立ち上げて多数農家をぶらさがらせる方式も取られた。
　前述のように日本の構造政策は個別の規模拡大とともに「協業の助長」という路線をとり、その延長上に農業生産法人が位置づけられた。それは零細農耕・「むら農業」という日本農業の特質に即した土地利用型農業におけるスケールメリットの追求といえる。それは具体的には、法人化という形ではなく、何からの歴史的な村落共同体を基盤とした集団栽培、生産組織、集落営農という任意組織化の形をとった。とくに賃貸借がまだ普遍化せず、作業受委託が主流をなした時代にはそうだった。
　しかるにａ方式は、協業を本来の目的とする集落営農等の「器」を品目横断的政策の対象になるための「手段」として利用することになり、５年後法人化の義務を負わされた。そこに法人化推進の罪が生じるが、その真の犯人は法人化推進そのものというよりも、法人化を要件づけた選別政策にあるといえる。

bは協業という内実をもつ点でaより優れるが、協業の内実の成熟を待たずに一律に5年以内法人化を義務付けたことは同様の罪を犯す可能性をもった。

　cは小規模集落が政策対応するためのやむをえない措置であり、また農政のステップ論は二度手間でもあったが、法人化には最低規模があるとすれば、そこには無理もあった。その責任もまた選別政策に求められるべきだろう。

　このようにみてくると、問題は法人推進政策それ自体というより、それを選別政策とミックスしたところにある。この選別政策が米価下落の放置と相まって参院選における自民党農村票の減少を招いた。そこで2007年にはその見直しがなされ、面積要件の見直し（市町村特認制度の創設）、集落営農の法人化要件の弾力化（5年以内法人化の緩和）となった。また09年度補正予算で農地集積加速化事業により利用権設定した場合は10a当たり1.5万円が5年間にわたりもらえることになり、集落営農が法人化して、法人に利用権を設定した場合に交付金を法人が利用できれば、7.5万円×利用権反別の収入が生じ、法人化のまたとないインセンティブになりえた[27]。

　しかし軌道修正は時すでに遅く、自民党は衆院選で敗北して野に下り、民主党政権は、米戸別所得補償制度や水田利活用自給力向上事業へ、選別政策から選択政策へ転じることになり、農地集積加速化事業も凍結された。

　それらは集落営農（法人）化の経済的インセンティブそのものを著しく減じることになった。そこで「金の切れ目が縁の切れ目」となり、なかには集落営農を解散するところもでてきた[28]。

---

[27] 拙著『地域農業の担い手群像』（前掲）、第3章2（2）。
[28] 農林水産政策研究所『農業構造の変動と地域性を踏まえた農業生産主体の形成と再編』2014年、第1章（平林光幸・小野智昭）では秋田県下の4つの集落営農の解散事例を報告している。うち2つはより少数メンバーで再編、2つは個別経営戻りである。
　　山形県酒田市では、特定農業団体が2010年の82から2013年の65に減った。この間、法人移行は1であり、もっぱら（枝番的な）集落営農の解散といえる。酒田市は今、改めて集落営農法人化にチャレンジしている。

しかしそのような報告事例は多くない。つまり集落営農化、法人化に無理や時期尚早もあったが、一定の内的必然性もまたあり、集落営農の多くは解消には至らなかったといえる。**表5-2**では、既に集落営農そのものは頭打ち傾向にあるが、法人化は着実に進んでいる。それが５年後要件によるものかは定かでない。いずれにせよ、法人化は２割強にとどまっており、これまでの「功罪」をかみしめつつ[29]、適時適切な法人化を図るべきである。

　しかるに脱却農政では、前述の県農地中間管理機構の設立にともない、地域（集落、大字等の外縁が明確な区域）でまとまって機構に農地を貸し付けた場合には地域集積協力金が支払われることになった（政権交代前の農地集積加速化事業の復活）。これにより集落営農が法人化する際に、従来から特定作業受委託をしていた農地をそのまま利用権設定しても協力金は支払われないが、そうでない場合の法人化・利用権設定や、さらには既存の利用権（円滑化団体を通じて交付金を得たものを除く）を合意解約のうえ機構に付け替える場合には支払い対象になりうる（後者は予算の制約から順位が落ちるだろうが）。

　10a当たり単価は、集積が２割超〜５割以下２万円、８割以下2.8万円、８割超3.6万円で、2016、2017年度は3/4、2018年度は1/2に減らされる。性格的に（集落営農を除き）地権者への支払いであり、８割集積という脱却農政の目標達成が露骨に追求され、年とともに減額されていく「早い者勝ち」で、農政の焦りが端的に出ている。

　協業集落営農への機が熟している地域には使い勝手のいい交付金であり、法人化のインセンティブになるが、拙速の法人化等の尻をたたく危険性ももつ。

---

(29) 国は特定農業団体等の５年以内法人化の再延長は認めない方針で、また分割法人化やオペレーター型法人化等への再編方針を打ち出しており、解散か再編法人化かを迫られることになろう。

「大きすぎる」集落営農法人?

　2013年3月に設立された盛岡市の農事組合法人「となん」は、組合員942名、経営面積は主食用米835ha、米粉用米81ha、小麦40ha、計956haに及ぶ全国有数の巨大集落営農法人であり、かつその「概要説明」は「枝番方式による管理を行っている」と明記している[30]。

　そのエリアは、4つの明治村が合併した昭和村・都南村で、人口4.5万人を擁する都市近郊農村である。農協も4農協が合併し岩手中央農協となった。旧都南農協は農業機械銀行事業40年、農協保有合理化事業20年の実績をもち、地域の利用権設定率も25％に達している。

　法人の前身は2006年に品目横断的政策に全農家が対象となることをめざして設立された都南地域営農組合である。同組合で約1,000戸を対象に「10年後に自分の農地はどうなっているか」をアンケートしたところ、「自分で営農できない」が9割、その3割は「営農組合に任せたい」ということだった。

　このような状況を踏まえ、6回の委員会、2回の集落座談会を開いて（約6割の出席率）農事組合法人の設立に踏み切った。法人は水稲と小麦の販売・経理の一元化を行うが、その他の転作は各戸で行う。組合は機械・施設を保有せず、今後、利用権の設定を受ける場合には農家（あるいは実践班）に再委託する。また作業受委託の調整は行うが作業は農家や転作組合が行う。資材も農家が注文する。水稲と小麦は前述のように枝番管理を行い、販売額から資材代を差し引いた残額は管理料の名目で支払い、収支をゼロにして利益配分の形をとらない。

　ではなぜ法人化だったのか。第一に、組合員に3万円のメリットを確保できる。米戸別所得補償で15,000円、カバークロップ（緑肥）による農地・水・環境事業で8,000円、肥料農薬の農協支所からの配送負担に伴う奨励金が100～800円、農作業料金の割引が7,000円である。しかしこれ自体は任意組織の

---

(30) 以下は、農業協同組合新聞2013年3月20日号、2013年11月の筆者ヒアリング、同法人資料による。

時代からの継続である。第二に、法人は事務処理等に職員2名を雇用しているが、任意組織時代には身分保障ができず、農協に臨時職員として雇用してもらい、その者が組合に出向する形をとり、人件費を農協に払っていた。それを直雇に変えることができた。地域においてはこの事務要員の確保がなかなか難しいが、それを都南村一本の法人化によりクリアすることができた。

では将来的に法人は農業面にはどうかかわるのか。都南村には41の営農組合（農業集落）があるが、それを15大字（藩政村）単位に営農実践班として再編した。この実践班が農地利用の団地形成、作業受委託の調整に当たる。法人としては5年計画で実践班を育成し、事務経理以外を独立させた法人にしたい計画である。

法人は、農協も行政も合併して地域との絆が希薄化するなかで、昭和村単位の旧農協を復活させ、合併農協内に「小さな農協」を再構築するものといえる。「人・農地プラン」も都南村単位に作成され、利用権の設定・調整も村単位で「くくりを一本化」した方が出し手、受け手ともに安心するという。法人は生産と生活の両方の協同をめざしており、50名程度の非農家を新たに法人に組織している。法人そのものが営農単位になるのではなく、営農単位としては大字（藩政村）単位の営農実践班の法人化をめざし、そのインキュベーター機能を果たす[31]。法人ができても事務処理は引き続き母体法人が担う。

それは「大きすぎる」法人の分割とは異なる二重組織化である。このような動きは、農協が品目横断的政策対応で明治村単位に設立させた集落営農内に、藩政村単位の集落営農組織が自生するといった形で他地域でもみられる[32]。

これらの事例は、ペーパー（枝番）集落営農として協業の内実がない現状

---

(31) 同法人も実践班単位に地域集積協力金の取得をめざしている。『季刊　地域』18号、2014年を参照。
(32) 拙著『地域農業の担い手群像』（前掲）第4章3における松本市島内村の事例。これは法人ではなく特定農業団体の事例である。

をもって直ちに否定的に評価できないことを示唆する。日本の村落共同体は、農業集落─藩政村─明治村─昭和村といった重層的関係から成り立っており、その時々の状況に応じて機能分担している。その現代版といえる。

残された論点

　第一に、「小さすぎる集落営農法人」について。まず、その安易な統合はやめた方がいい。中山間地域等では集落営農は定住条件確保や地域資源管理の役割を担っている。下手に統合すればその機能が失われ、地域が崩壊しかねない。統合よりも機械の共同利用や農産物の共同出荷を行う連合体の設立が望ましい[33]。

　また平野部でも経営管理者やオペレーターを安定的に確保できない法人の発生をみており、他法人が人材派遣業の資格を取得し支援に入っている事例もある[34]。この場合は将来的な法人の吸収統合もあり得よう。

　第二に、法人化の「功罪」は多分に集落営農化、法人化のタイミングに係る。任意組織化のタイミングは機械作業受委託（機械作業者喪失）の深度に係り、法人化のタイミングは利用権設定（管理作業者喪失）の深度に係る。時期尚早も、時期を逸しても「罪」になる。地域リーダーにとっての要諦である。

　第三に、農事組合法人か株式会社かの選択の適否がある。第二の点との関連で一般的には、実態的な作業受委託が主流の段階では任意組織か組合法人、水・畦畔管理も組織が担う賃貸借主流の段階では会社法人が適しているといえる。いずれにせよ集落営農法人は「むらの論理」と「企業の論理」のバランスの上に成り立つ。いずれに偏っても現実や地域からかい離しうる。

　藩政村を基盤に会社法人を立ち上げつつ、その出資金の過半を藩政村単位

---

[33] その広島、島根の事例としては拙著『地域農業の担い手群像』（前掲）第1章2、3。

[34] 拙稿「農地保有合理化事業を通じる面的集積体としての集落営農」『土地と農業』43号、2013年、Ⅲ-5。

表5-3　水田作経営集落営農の「専従者」一人当たり農業所得（2011年、全国）

単位：千円

	平均	10ha未満	10～20ha	20～30ha	30～50ha	50ha以上
法人経営	6,323	3,678	3,869	6,671	7,472	8,035
任意組織	3,658	597	2,885	3,939	2,614	4,517

注1．専従者は当該経営体における農業投下労働時間を2,000時間で除して算出した計算上の値。
　2．『農業経営統計調査』による。

の任意組織が組合長名義でもつことにより発言権を確保する長野県飯島町の田切農産の事例は、その一つのバランスのとり方だろう。[35]

　ただし株式会社形態をとった場合、農家は社長―専務―常務からなるヒエラルキー的な企業風土になじんでいない。指導機関は企業運営ノウハウ、異業種情報・交流に特段の注力が必要である。

　第四に、法人化の経営パフォーマンスである。それを単純に労働生産性の点で比較したのが表5-3である。いずれの規模をとっても法人経営の方が高く、かつ任意組織では顕著にみられない規模の経済が法人にはみられる。その場合に、法人になったからパフォーマンスが高いのか、パフォーマンスの高い組織が法人化したのかは不明だが、おそらく後者だろう。

　なお個別経営のそれは、10～15ha501万円、15～20ha671万円、20ha以上920万円であり、階層の区切りも異なり正確には比較できないが、概して組織経営よりも高い。大家族を背景とした家族協業を組める場合にはパフォーマンスが高いといえるが、その困難から協業組織化が始まった。

　最後に、2014年産米の概算金（仮渡金）は60kg当たり9,000～7,000円台に下落している。これが脱却農政の門出である。ほとんどの組織は経営収支の根本的な見直しを迫られ、構成員への配分額を減らさざるをえない。園芸作や非主食用米作りに今後の活路を求めているが、それはまたそれで年齢、技術、販路の問題を抱える。当然に集落営農（法人化）にもブレーキがかかろう。それらについては他日を期したい。

---

[35] 拙著『混迷する農政　協同する地域』（前掲）、第5章第4節。

第6章

農地管理と農業委員会

はじめに

　規制改革会議第二次答申（2014年6月）は農業委員会、農業生産法人を農協とともに取り上げて、その根本的改変を迫っている。それは第1章にみた脱却農政の一つの柱であり、まさに、誰がどのように農地を管理するのかという「戦後レジーム」の根幹を揺るがす問題である。本章は、前章での農業構造の変化を踏まえつつ、それを誰がどのように方向付けるのかと関わって、農業委員会や農業生産法人を取り上げる。
　第1節では、話題にはのぼるものの一般にはなじみの薄い農業委員会の実態を紹介しつつ、それに対する内在的批判ともいうべきものに応える。
　第2節では、規制改革会議を通じる財界の農政への関与を主題として、2013年に集中的になされた県農地中間管理機構をめぐる論議、そして2014年の規制改革会議答申における農業委員会、農業生産法人等に関する論議をとりあげる。

第1節　農業委員会の性格と業務

1．農業委員会とは何か

行政委員会

　農業委員会は市町村に設置された行政委員会であり、地域の農業者が選挙によって選んだ委員（市町村長の選任による委員も加わる）が非常勤公務員

として合議制で農地行政に関する意思決定を行う機関であり、広義の自治体といえる。

　しかし農業委員会には一般の行政委員会と異なる独自性がある。

　第一に、行政委員会が設けられる理由として、通常は政治的中立性があげられるが（教育委員会や選挙管理委員会等）、農業委員会は地域の農地に関する専門的・技術的知識の必要性から生じた面が強い。農地には農家間の長い間の複雑な利害関係が絡んでおり、その精通者である地域の農業者の知見と関与が求められるからである。

　第二に、行政委員会は主として英米で発達した制度で、占領軍が敗戦下の日本に導入した「戦後レジーム」とされている。しかし農業委員会には1938年に制定された農地調整法における農地委員会という前身がある。それは「農地関係ノ調整」すなわち地主小作関係の調停を目的としたもので、委員は8名以内、会長は市町村長がなった。設置は任意だが、85％の市町村が設置した。委員は地主・自作66％、自小作・小作28％から構成され（1939年）、一種の階層別委員会といえる。

　戦後に農地調整法が改正され、農地委員会は必置機関として農地改革の執行に当たった。委員構成は第一次農地改革案では地主5・自作5・小作5だったが、第二次農地改革では地主・自作と小作とが半々になった。この農地委員会が、日本の独立直前の1951年7月、農業調整委員会（食糧配給に関わる）、農業改良委員会と統合されて今日の農業委員会になった。要するに占領下に導入されたものだが、それには戦前からの歴史的素地があった[1]。

　第三に、農業委員は全農業者から選挙で選ばれ、市町村の機関への意見の表明、建議、諮問への答申等を行うことを通じて、農業者の声を代表する運動体の役割を担う。

　第四に、同じ行政委員会でも教育委員会が「逆コース」のなかで1956年に選挙制から選任制に移行したのに対して、農業委員会は今日に至るまで選挙

（1）農民教育協会編『農業委員会等制度史—20年の歩み—』全国農業会議所、1976年、全国農業会議所『改訂8版　農業委員会法の解説』、2010年。

制を堅持している稀有な存在だが、今まさにそれが根底から揺さぶられている。

系統組織性

　農業委員会は、市町村長の指揮監督は受けないが、独立の法人格を持たず、私法上の権利義務主体にはなれない。従って収益事業を行ったり、他の法人に参加したりできず、財政的には市町村、国（約1割）、県財政に依存する。それは一面では経済的利害からフリーに公共的利益を追求できる組織たりうるが、他面では運動体としては「政府から補助金をもらっていては無理ですよ」[2]という弱点がある。

　農業委員会は、農地がないか非常に少ないところは置かなくてもよく（44自治体）、また複数設置することもできるが（8自治体）、おおむね市町村ごとに置かれ、合併とともに減る傾向にあり、現在は1,713である。

　都道府県（以下では「県」とする）には県農業会議が置かれ、全国レベルには全国農業会議所があり、一見、農協と同じ「系統組織」的になっているが、制度的には系統組織とは言えない。すなわち県農業会議の会員は農業委員会の会長あるいは会長が指名した農業委員（1号会員）、その他に県の農協中央会、農業共済連合会等からも会議員が出ることになっている。また全国農業会議所の会員は県農業会議のほか、全中や学識経験者もなる。

　これは、農業委員会は行政機関、農業会議は法人であり、行政機関が他の組織の会員にはなれないといった理由にもよるが、実態的には戦後初期の農業団体再編問題に際しての農協系統と農業委員会系統の血みどろの争いの結果、農業委員会組織の系統性を分断したい農協側の意向が通った結果である[3]。

（2）東畑四郎『昭和農政談』家の光協会、1980年、288ページ。
（3）農業委員会系統側からの発言として、『農業委員会等制度史』（前掲）第Ⅱ章、農協側からの発言としては『JA全中五十年史』2006年、28ページ、関わった官僚の見方としては東畑、前掲書、第4章。

しかし今日では、農業会議の1号会員の99％以上が農業委員会の会長になっており、その点では系統性は担保されているといえる[4]。他組織からも委員が出たり、他組織が会員になる点では寄り合い所帯ともいえるが、今日的にみれば、農業利害を広く結集しつつ、国民諸階層と連携するうえでむしろ利点とすべきだろう。

　農業会議は「農業及び農民の一般的利益代表活動と、行政行為を補完する諮問会議としての活動」[5]が主である。全国農業会議所は「多岐にわたる農業問題全般について、全国的規模で農業及び農民の利益を代表して、これを国政に反映させる」「農業委員会の全国段階における連合組織」と自己規定している[6]。

農業委員会の業務

　農業委員会法は、①「次の事項を処理する」とする法的必須業務、②「事務を行うことができる」という任意業務、③行政庁への意見の公表、建議、諮問に対する答申、の3つの業務を掲げている。

　このうち②は振興計画の樹立、農業技術の改良、調査研究、啓蒙宣伝等あらゆる業務が含まれていたが、2004年改正で、耕作放棄地の解消や構造政策の推進等に重点化された。任意事務ではあるが、耕作放棄地（耕作しておらず、数年以内に耕作する意向のない農地）の解消は今日の農業委員会のメインテーマの一つになっている。構造政策の推進は最も期待されているが、成果を上げるのが難しい業務でもある。

　③は「農業委員会の行政機関としての性格よりも、農民の代表機関としての性格が強く前面に押し出された」[7]業務である。

（4）ただし農業委員会としての組織加入ではないので、農協系統のように農業会議が賦課金等を課すことはできず、その財政的弱点は依然として消えない。農業会議の収入の過半は国県の補助金等による。
（5）全国農業会議所『改訂8版　農業委員会法の解説』（前掲）13ページ。
（6）同上、176ページ。
（7）同上、37ページ。

第6章　農地管理と農業委員会　　*165*

　本来の農業委員会の専属的権限は①である。それは農地法、農業経営基盤強化促進法（以下、基盤強化法とする）、土地改良法など極めて多くの法律に定められた権限・義務であり、従って法の変遷とともに変化する。
　農地の権利移動統制は戦時体制下にはじまり、戦後の農地調整法改正、1952年の農地法制定に継承されていった。戦後におけるその趣旨は、農地改革の成果を恒久化するため、農地に関する権利取得を耕作者に限ることである（不耕作目的の権利取得の禁止）[8]。それに基づく権利移動統制の主体になったのが農業委員会である。権利取得者が市町村外の場合は県知事が許可するが、それも農業委員会が許可・不許可の意見書を添えて知事に進達することになっている。
　農地法はその3条で以上のような権利移動統制を規定したが、ついで4、5条では転用統制をしている。農地法は「農地はその耕作者みずからが所有することをもっとも適当であると認めて」制定された。通常、この規定は「自作農主義」と限定的に受けとめられているが、より広く「耕作者主義」とすべきだろう。この観点に立てば農地はあくまで農地として利用（耕作）されるべきということになり、従ってその転用は厳しく統制されることになる。農地転用の国家統制は戦時下の勅令により導入されたが、農地法に引き継がれつつ、戦後民主主義に立脚した耕作者主義により新たな根拠を与えられたといえる。
　転用の許可権者は原則として知事（2ha以上は農水大臣だったが、1998年から4ha以上に緩和）だが、農業委員会が意見書を添えて知事に進達することになっており、実態としては農業委員会の決定になる。
　要するに農業委員会は、農地の権利移動統制、転用統制という農地制度の土台を担い、「農地法の番人」と呼ばれてきた。
　しかしその後、1961年の農業基本法が構造改善のための農地流動化を基本に据えるようになり、農業委員会は権利移動の統制だけでなく、促進という

（8）関谷俊作『改訂版　日本の農地制度』農業振興地域調査会、1981年、148ページ。

相反する業務も担うようになり、さらに農業生産法人のチェック、農業者年金の業務受託、利用権の設定、遊休農地の解消等次々と任務の幅が拡大していった。とくに農業者年金に関する業務は農地管理からはみ出す部分もあり、重い任務となった。

農業委員

　農業委員は公職選挙法に準じて選挙される委員と、市町村長が選任した委員からなる。選挙委員は10～40人、原則30人以下である。選任委員は農協、農業共済組合、土地改良区の理事等各1人、議会推薦の4人以内である。

　現状では農業委員は3.6万人、うち選挙委員が3/4を占める。単純平均すれば1委員会21人（選挙委員16人）だが、選挙委員10～15人規模の委員会が最も多い。選挙委員の平均年齢は60代なかばである。選挙委員について専兼別をみると、専業54％、Ⅰ兼14％、Ⅱ兼29％である。また認定農業者が23％を占める。Ⅰ兼は実は専業以上に農業色が強く、専業・Ⅰ兼合わせて7割弱を占める。規制改革会議は兼業農家が多数を占めると批判しているが、それは神話である。

　女性委員は5.7％でその8割は選任委員である。議会から女性が推薦されるケースが多いが、選挙委員における増員が課題である。

　委員の任期は3年で非常勤の地方公務員になる。手当ては月にして会長4万円、委員3万円程度である。

　選挙制になっているが、立候補者が定数内の場合は投票に至らないので（投票は1割弱）、選挙制は形骸化しているという批判があるが、そもそも農業委員は集落・地域をもとに農業者との接触を深めることを出発点としており、昭和30年代はじめでも無投票当選が3/4を占めており、集落推薦制の実態が強い。ボス支配とか名誉職といった批判もあるが、要は農業者の地域代表を選ぶところにある。

　農業委員会には職員が置かれる。職員は農業委員会が任免することになっているが、実際には首長部局の人事による一般職の地方公務員であり、エリ

ート教員が事務局を支配する教育委員会のような問題[9]はない。単純平均すると1委員会あたり職員数は4.5人、事務局長の6割、職員の55％が兼務だが、職員は農業委員会を主とする者も含めて7割強が主業務である。この陣容では必須業務をこなすのに精いっぱいで、なかなか任意業務までとりくめない悩みもある[10]。

次項でとりあげる農業委員会は人材的にめぐまれた方で、中山間地域等の小規模自治体等にいくと、1人の職員がいくつもの業務の兼担として農業委員会事務局を務めている場合もある。さぞかし大変だろうと思うが、自治体規模に比例して事案が少ないことと、わからない点は県農業会議等に聞いて何とかこなしているという話である。県農業会議はそういう面からも必要とされる。

事例紹介──東北Y県S市農業委員会

最後にある農業委員会の実態をみてみる。

委員は2011年に38名から29名に削減し、それまでの農地・農政部会を廃し、総会制にしている[11]。

委員のうち選挙委員は22名、選任が7名で、女性は各1名と2名（議会推薦）である。最年少39歳、平均55歳で、認定農業者は22名、76％に及ぶ。大字から1名の委員がほしいところだが、複数大字から2～4名の8中選挙区制をとっている（合併した旧3町は旧町単位で各2～3名）。投票に持ち込

---

(9) 新藤宗幸『教育委員会』岩波新書、2013年。
(10) 以上の情報については規制改革会議の2014年2月の農業分科会に出された農水省「農業委員会について」および各種ヒアリングに基づく。同じ農業団体でも農協については農水省『総合農協統計表』があるが、国費を投入している農業委員会については公表統計がなく、その不透明性ゆえに言われなき批判も多い。農業委員会の実態については緒方賢一「改正農地法に対応した農業委員会の活動強化に向けて──高知県内の農業委員会活動の現場から──」『農政調査時報』566号、2011年。
(11) 現在では部会を置いている農業委員会は16％である。

まれた選挙は合併時を除き少ないが、投票は世代的な新旧交代を背景にしたものである。市の農地面積を農業委員数で割ると420haになり、オーバー気味としている。

　総会は月1回、9:30～12:00に開催される。委員会には農地調整委員会と農業振興委員会が置かれる。

　農地調整委員会は、総会の1週間前に開催され、委員長、副委員長、会長、会長代理のほか5名の農業委員が持ち回りで担当する。その前段階として議案審査会が会長、委員長、副委員長と事務局により開かれる。

　転用については、事務局に事前相談があり、申請を受理したうえ、会長・委員長・地元農業委員が書類チェックし（ここがポイントになり、場合によっては現場確認）、さらに地元農業委員と事務局で現地調査を行い、農地調整委員会を経て、総会に諮られる。

　利用権については市長からの事務委任を受けて担当し、書類審査を経て地元農業委員が署名・捺印したものを総会に諮る。字界、行政区界をまたがるものについては両方の農業委員の署名・捺印を要する。

　農業振興委員会は、建議検討、標準賃金、参考賃借料、広報の4委員会に分かれ、農繁期を除き月1回は集まり、以上の仕事と学習会を行っている。建議は予算への反映を狙い、6～9月に集中的に検討する。

　以上の業務で委員長クラスで月4～5日は取られる。その他に農政課の用途変更の審議にも加わる。

　耕作放棄地や違反転用を防ぐ農地パトロールには、地域協力員28名を委嘱し、計57名で当たっている。

　市の担い手への農地集積率は62％に達している。耕作放棄地対策は委員のパトロールで2009～13年にかけて49.5haを発見、うち43haを営農再開等させている。08年から国の事業を受けて9.4haの耕作放棄地の農地再生を行っている。また同対策のPRとして09年から農業委員が復旧農地でさつまいもの定植、除草、収穫を行い、収穫物を社会福祉協議会や保育園に提供している。

　09年に農業青年出会い・交流創設支援委員会を立ち上げ、農業体験等の出

会いの場を設け、1市2町の女性農業委員6名が「おせっかいおばさんの会」をつくり婚活イベントを実施している。

　農業委員会の「見える化」を図るため、広報誌のほかに、2013年度には「出前相談会」を3回実施している。農業者年金への加入促進の説明会や農協職員への研修会にも取り組んでいる。

　事務局は、計10名で、うち3名は合併前の町（現在の支所）の建設産業課産業係の兼任の農地係長である。

2．農地制度の変化と農業委員会

農地移動統制から農地流動化へ

　農業委員会の主たる任務が農地管理であることから、農業委員会の位置づけは農地・構造政策とともに変化してきた。

　1961年に制定された農業基本法は「農業構造の改善」を旗印とし、「農地についての権利の設定又は移転が農業構造の改善に資する」こと、すなわち農地流動化を企図していた。当初は所有権移転が主だったが、高度経済成長の過程で地価が高騰し、兼業が普遍化・深化し、後継者難も強まるなかで、賃貸借への意向が強まってきた。しかるに農地法は、農地改革の残存小作地が少なからず存在する状況下で、耕作者を守る立場から賃貸借の解約を厳しく規制し、一度貸したら返してもらえない、返してもらうには離作料を払わねばならないという状況を生み、賃貸借への意向は農地法の許可に服さない「やみ小作」の形で潜伏することになった。

　そこで1970年農地法改正で、権利移動統制を大幅に緩和し、「やみ小作」を法に取り込みつつ、「借地による流動化の促進に重点を移す」ようになった[12]。その一環として県段階に民法法人としての農地保有合理化法人（県公社）が設立されることになり、公社が地権者から農地の権利を取得し、中

---

(12) 関谷俊作『日本の農地制度』（前掲）21ページ。原田純孝編『地域農業の再生と農地制度』農文協、2011年、所収の「中野和仁先生に聞く」。

間保有して集団化等したうえで転売・転貸借する農地保有合理化事業を行い、農業委員会は地元地域と県公社を繋ぐ役割を担うことになった。

　しかし合理化事業は売買を主としており、また賃貸借については70年改正では限界があったので、1975年の農振法改正による農用地利用増進事業、1980年農用利用増進法、1993年農業経営基盤強化促進法により、期間がきたら農地法の許可を経ずに終了する賃貸借としての「利用権」が導入され、賃貸借の主流を占めるようになった。

　また1969年の農振法制定を通じて、農業委員会が行ってきた農地の「あっせん」が農地移動適正化あっせん事業として補助事業化され、あっせん基準（市町村の平均規模以上の者の名簿化）にもとづいてあっせんすることになった。それを受けて農用地利用増進法では農業委員会が「農地移動のあっせんその他の業務を行う」ことが法定された。ここに農業委員会の構造政策への関与が制度化された。

　以上の細かな経緯は略すが[13]、そのポイントを述べれば次の通りである。①農地法で農業外からの農地取得を防いだうえで、農業内部では地域における集団的な合意を通じて農地の自主的管理・農地の集団利用を行う。②その主体となる権利者集団が任意組合だと公的資格と継続性に欠けるので、市町村を事業主体とする。③市町村は農業委員会の決定を経て農用地利用増進計画（今日では農用地利用集積計画）を定めて公告し、それをもって利用権が設定され、その場合には農地法の許可は不要とする。この「農業委員会の決定」は農地の地域自主管理の核をなすことになった（この点が後述する県農地中間管理事業で揺らぐことになる）。

　かくして農業委員会は、従来からの権利移動・転用統制に加えて、農地の地域自主管理の核、農地流動化の促進という三重の任務を負うようになった。

---

(13) 同上、第8、9章、関谷俊作『日本の農地制度　新版』農政調査会、2002年、第5章。なお基盤強化法では、効率的・安定的経営になるための農業経営改善計画を市町村長によって認定された農業者を「認定農業者」として優遇措置を講ずる制度が発足した。

いわば農地移動についてはブレーキとアクセルの両方を踏むことになり、それを両立させるものとして地域自主管理があった。同時に利用増進事業が市町村事業となったことは、その態勢のいかんによっては農地流動化の主体としての農業委員会のポジションを相対化することにもなった。

グローバル化のなかで2006年から品目横断的政策（経営所得安定対策）が始まる。それに対して、地域では、集落営農等を育成してできるだけ多くの農家が政策対象となるようにするため、行政と農業団体が一体となって協働するワンフロア化（地域農業振興センター化）の動きが強まった。そこに農業委員会も入るケースもあったが、農業委員会は法定業務に手いっぱいで権利移動を伴わない任意組織の育成まで手が回らないということで外れるケースも多かった。

2009年農地法・基盤強化法改正

農地法は農地の権利取得の主体として農家（自然人）のみを想定していたが、農業基本法が協業の助長を構造政策の一つの柱とすることにより、第5章2節に述べたようにその受け皿として農業生産法人の制度が設けられるようになった。農業生産法人は当初は自作農集団として仕組まれ、耕作者主義が貫徹するよう法人形態・事業・構成員・役員について厳しい規制が課され、株式の取得・転売が自由な株式会社は耕作者主義に反するものとして排除された。

その後、農業生産法人は1970年の農地法改正により大幅に要件緩和されて「農業従事者の協同組織」に転換した。その際に農作業常時従事者が業務執行役員の過半を占めることとされ、ここに前述の耕作者主義が「農作業常時従事」という形で純化された[14]。

農業生産法人制度はその後長らく農政の俎上にあがることはなかったが、1990年代に入り、グローバル化と規制緩和のなかで、財界筋からにわかに企

---

(14)関谷俊作『日本の農地制度　新版』（前掲）、167ページ。

業の農業参入の要求が高まり、それは農地の賃借権から所有権にまで及ぶようになり、その突破口として農業生産法人の要件緩和が求められるようになった。それに対して2000年の農地法改正で、農業生産法人の要件緩和を行い、株式譲渡制限をした株式会社も農業生産法人として認めるようになった[15]。

　しかし財界要求はとどまることがなかった。その主たる論理は、農地転用統制を強化し、永久農地ゾーンを設ければ、その内部では企業による農地の権利取得を自由化してもさしつかえない、不耕作、土地ころがし、違反転用等の問題があれば事後的にとりけせばいい、というもので、農地権利取得の事前規制（耕作者主義を満たすかの資格規制）から事後規制（結果チェック）に転換すべき、という新自由主義的な主張だった。

　このような主張に即してなされたのが2009年農地法改正である。すなわち法の目的（第1条）で、転用規制を掲げたうえで、「農地を効率的に利用する耕作者」（一般法人等も含む）の権利取得の促進と利用関係の調整を図るとした。そして賃貸借については誰でもどこでも可とする（一般法人の場合は業務執行役員の一人以上が事業に常時従事）ことで耕作者主義を廃棄しつつ、所有権については一般法人等の取得を認めないことで耕作者主義を継続した。要するに農地法は耕作者主義の廃棄と継続に分裂・二元化したわけで、そのアキレス腱を狙って財界は執拗に企業の所有権取得を主張し続けている[16]。

　農業委員会との関係で注目すべき農地法改正は以下である。

　①非農家や一般法人の権利取得が認められたことに伴い、農地の権利取得後の耕作が「周辺の地域における農地……の農業上の効率的かつ総合的に利用の確保」に支障を生じないこと、「地域の農業における他の農業者との適切な役割分担の下に継続的かつ効率的に農業経営を行う」ことが義務付けら

---

(15) 拙著『日本に農業は生き残れるか』大月書店、2001年、第3章。
(16) 原田純孝編『地域農業の再生と農地制度』（前掲）、第2章（原田純孝稿）。拙著『混迷する農政　協同する地域』筑波書房、2009年、第2章第3節。

れたが、そのチェックは農業委員会の仕事とされた。

　②農業委員会は、少なくとも毎年1回は農地の利用状況調査を行い、不耕作・低利用農地について指導し、遊休農地である旨の通知あるいは公告、利用計画の届け出受理、勧告を行い、従わない場合に所有権移転等の協議先（農地保有合理化法人等）の指定・通知を行うこととされた[17]。これにより遊休農地対策が市町村から農業委員会に移された。

　③同時になされた基盤強化法改正で、農地利用集積円滑化団体が、所有者の白紙委任を受けて、所有者の代理として農地の貸し付けを行う農地利用集積円滑化事業（農地の転売、転貸借ではなく白紙あっせん）が農地流動化・面的集積の切り札として導入された[18]。その際に農業委員会は権利取得の当事者になれないとして（円滑化団体はそもそも権利取得しないはずだが）、市町村、市町村農業公社、農協等が円滑化団体になることとした。2013年9月現在、円滑化団体は市町村3割、市町村公社1割、農協5割である（その円滑化事業が現在では県農地中間管理事業にとって代わられようとしている）。

　2009年農地法改正において農業委員会は、③により農地流動化政策の主流から外されたうえで、①のような抽象的・裁量的な（困難性の多い）チェック業務、②のような遊休農地対策係に押し込められた。

「人・農地プラン」

　既に前章1節で触れたが、「人・農地プラン」は民主党農政から自民党農政に継承された稀有な制度でもあり、TPP参加に向けたウルトラ構造政策の面をもつが、地域における徹底した話し合いを通じることで、農地の地域自主管理を新たな段階で具体化する面ももった。農用地利用増進事業以来、や

---

(17) その不備については稲垣照哉「動き出す『農地中間管理機構』構想の論点」『農業と経済』2013年12月臨時増刊号。
(18) 拙著『この国のかたちと農業』筑波書房、2007年、第Ⅱ章。

や脇役に押しやられてきた感のある農業委員会もまた、ここに新たな活動の場が設定されたといえる。後述するように「人・農地プラン」の法制化をめぐっては、農業サイドと財界が激しく対立している。

3．これまでの農業委員会批判

農業委員会見直し論

　以上、農業委員会の歴史を振り返ってきたが、その性格は複雑であり、生まれた時からその機能や組織をめぐって軋轢をかかえていた。機能面では前述のように農地移動の統制と促進の両方を担い、「統制」という面では権力的かつ地味であり、「促進」という面では農家が農家に対して流動化を促進することへの躊躇もある。

　加えて市民（農業者）が（非常勤）公務員として行政を担うという行政委員会が、選任ではなく選挙制というピュアな原型を保ちつつ活性であり続けることが、日本における市民社会の熟度と関わってどこまで可能なのかという、農業委員会を超える日本社会のあり様までが問われる。

　農業委員会に関する最も鋭い洞察は東畑四郎『昭和農政談』（1980年）であるが、そこでインタビュアーの松浦龍雄は「少なくとも現在の農業委員会ではどうにもならない点は誰の目にも明らか」としており（263ページ）、東畑自身は、農業委員会系統は「土地に関する公的色彩のある団体」（彼の「公的」の含蓄について同書を当たられたい）になるべきとしていた。

　このような地域自主管理のあり方はそれ自体としてじっくり考察されるべきであろう。しかし1990年代以降の新自由主義・規制改革を背景とした農業委員会批判は、それとは性格を異にする。結論的に言えば、構造政策の加速化に資する、さらには企業の農業進出の障害にならない農業委員会への改変である。

　とくに安倍内閣の下で、国家戦略特区WGは、特区において農地集積のために農業関係でない第三者組織を設けるか中立的委員を増やすべき、農業委員会機能を市町村に移管すべきといった意見が出されて法律化され、また産

業競争力会議では農業生産法人の要件緩和や企業の農地所有権取得が繰り返し主張されてきた。

なかでも本命は規制改革会議である。そこでは新規参入者や企業などが「地域や市町村の範囲を超えて精力的に事業展開を図る」などの環境変化のなかで、農業委員会の「在り方を見直す時期に来ている」として、「農業委員会の業務における重点の見直しを図るとともに、委員の構成や選挙・選任方法、事務局体制の整備等についての見直しを図るべき」(2013年)としている。その2014年における展開は次節でとりあげ、以下では、これまでに出された農業委員会に関わる批判を検討する。

転用統制の主体としてふさわしいか

この批判のポイントは、厳格な転用統制を行う上で、農地の権利保有者からなる農業委員会が強い権限をもつのは問題である。農地所有者は潜在的な転用利益(キャピタルゲイン)を取得する可能性をもち、農地を守る立場との板挟みになりうるので、この種の矛盾を抱え込むことのない組織による執行にすべき、というものである[19]。

全体状況のなかにおいてみれば、このような主張は次のような意味合いをもつ。すなわち「農外企業の農地取得を許すと、彼らは荒らしづくりしたり、金融資産扱いしたり、果ては無断転用してしまうのではないか」という農外企業シャットアウト論(今日ではアウトは所有権だけだが)に対して、「だったら転用を厳格化し、さらには永久農地ゾーンを設ければ、その枠内では自由に取得させても問題ないではないか」という、前述の入り口規制から出口規制への転換論である。つまり転用厳格化それ自体が目的というより、企

---

(19) 日本経済調査協議会『農政の抜本改革：基本指針と具体像』2003年、52〜53ページ。そこでは「問題は、大きなキャピタルゲインを生み出してきたこれまでのわが国の土地制度とその運用にある」という正しい指摘もある。ならばその是正が先だが、それは至難の業であり、結局は問題を農業委員会のあり方に矮小化している。

業の農地取得の前提としての厳格化論である。転用厳格化それ自体は反対しがたいので、それを盾にとった議論ともいえる。以上の論には次のような問題がある。

　第一に、そもそも農地転用は、転用主体、転用需要があって初めておこることで、それに対して地権者は受け身の立場である。なかには不動産屋的農家もいるかもしれないが、一般的ではない[20]。転用需要の是非やいかなる土地に向かうかの方向性を問わず、受け身の地権者の責任のみを強く追及するのは、極論すれば加害者と被害者を逆転させる論理というべきだろう。

　2011年の転用売却（自己転用に係る4条許可以外）を用途別にみると、住宅34.7％、その他の業務用地（駐車場・資材置き場が多い）29.5％、公的施設用地11.7％、商業サービス用地7.1％が多い。住宅が最多だが、そこからは、農業委員を農家から一般住民に替えても、それは潜在的キャピタルゲイン取得者を潜在的宅地需要者に替えるだけの話だといえる。その他の用途に至っては、需要があるから転用されるのであり、地権者のキャピタルゲイン追求が転用を生むのではない。

　第二に、現実の農地転用については、届け出で済む市街化区域内が30.5％も占めている。以前は許可除外だった公的施設用地も11.7％を占めている（この点は転用需要が冷え込んだ後で2009年に許可制に移された）。さらには農振農用地区域が原則転用禁止となったことが、その反射として転用禁止でない農振農用地以外は原則転用許可的な運用をせざるを得ない状況を生んだ。こういう制度とその運用の実態を冷静に見据えつつ転用規制を強化をすることが先決で、農業委員会の構成問題にすりかえてはならない。

　すなわち第三に、非農業者を農業委員にしろということについては、前述のように一般住民の場合は潜在的宅地需要者でもあり、不動産業者の委員化もありうる。誰もが自分に好都合な土地利用要求から自由ではありえない。農地は農業的に利用すべきものとしてある以上は、現に利用している農業者

---

[20] 選挙委員で不動産業・建設業に関わるのは多くて3％以内である。

の意向がまず尊重されるべきだろう。

　第四に、関連して、農業内外にわたる土地利用調整は首長部局に移すべきという議論もある。それはある意味で既に包括的に実現している。すなわち農振法に基づく原則転用不可の農用地区域の設定である。農地転用する場合は、まず首長部局が農用地区域の指定を解除したうえで、農地法上の一筆許可を受けることとされている。それについても「二元的なチェックシステム」が「依存しあう関係」を生むというもたれあい批判があるが[21]、農地の面的確保をめぐっては首長部局の責任遂行が前提である。

　このように一般行政が面的な規制を行うことは適切だとしても、農地一筆ごとの利用調整に一般行政が関与することは妥当・有効だといえるだろうか。かつては行政の転用は許可除外であり、道義性に欠けていた。その点は是正されたが、首長部局行政が利害関係に関してより中立的という保障はない。また行政による権力的な統制は、かえってその裏をかいて違反転用することを合理化することにもなりかねない。

　さらには転用統制を首長部局に移すことは、農地法における耕作者主義（農地法3条）と農地転用統制（4、5条）との内的関連を切断し、論理的強靭性を失う。

　第五に、農地法の一筆統制は限界があり、土地利用計画による転用禁止区域を設定すべきという論もある。これについては、日本の土地利用計画（例えば農用地区域）は、農地法の一筆統制の運用区域の設定に過ぎず、それ自体が土地利用規制機能を有するものではない[22]。

　開発自由が原則の日本にあっては、農地法の一筆統制は戦時・戦後の特殊な歴史的条件下にはじめて可能になったもので、規制緩和の時代に土地利用計画制度はそのような力能をもちえない。

---

[21] 日本経済調査評議会、前掲、52ページ。
[22] 拙著『農地政策と地域』（前掲）第5章、原田純孝編『地域農業の再生と農地制度』（前掲）、第2章。

権利移動に関する主体としてふさわしいか

　この批判のポイントは次の通りである。2009年農地法改正で農外主体も利用権取得が可能になったが、そこには「地域との調和」要件が課せられている。しかるに権利移動を伴わない既存の農業者の耕作や相続による取得が「地域との調和」を欠く場合については農業委員会が行政権限を行使することを農地法は予定していない（点で不公平である）。農業委員会は従来「農内」の利害調整に関わってきたが、「農外」との利害に係る行政権限を担うことの正統性は自明ではない。「多様な利害の調整に際しては、農業者の代表組織よりも首長部局の方が中立性をより期待できるのではないかという考え方もありうる」[23]。

　それに対しては、第一に、農地法あるいは農業委員会は「農内」の利害調整に関わってきたという理解がうなづけない。農地法あるいは農業委員会は、何よりもまず農外からの農地取得を禁じてきた。土地利用計画法制が登場するまでは、農地法のみが農業内外の利用調整（転用統制）にあたってきた。それが崩されてきたのが現状である。

　第二に、2009年農地法改正以前から、たとえば市民農園法など、既存の農家以外が農地利用の主体となる機会が増えていた。さらに言えば1961年農業基本法は農業者の福祉を目的とし、農地もまた農業生産手段と位置付けられることになるが、1999年新基本法は、国民のため食料の安定確保と多面的機能の供給に目的を変えた。その時に農地もまたたんなる農業生産手段でなく、多面的機能生産手段としても位置づけなおされるべきだったのである。それは農地を農業者の管理ではなく、国民の管理のもとに置くべきともいえよう。

　しかしそうはならなかった。その理由は多面的機能が「農業生産活動が行われることにより生ずる」（第3条）機能だからである。それは国民の負託を受けて農業者が担う機能であり、農地を農業者の代表である農業委員会が

---

[23] 島村健「新たな農地制度のもとでの農業委員会の役割と今後のあり方」『農政調査時報』569号、2013年。これは他の批判と異なり、いわば内在的な問題提起といえる。

管理することを相当とするものである。

　第三に、農業者（被相続者）が「地域との調和」を害することに対して農業委員会の行政権限は予定されていない点は不公平だという批判も、どのような具体的な「地域との調和」を想定しているのだろうか。農外主体が「地域との調和」を欠く事例として考えられるのは、低利用化・遊休化や地域資源管理への不参加等であろうが、低利用農地・遊休農地に対する農業委員会の「指導」等の規定は09年農地法改正に盛られ、今回さらに強化され、それは農家を含む全ての農地利用者に及ぶ。農業者の集団としての自己規制も含めて、地域で農地の有効利用を担保するのは農業委員会こそがふさわしいといえる。

　第四に、農業者以外の権利取得も含めた「多様な利害の調整に際しては、農業者の代表組織よりも首長部局の方が中立性をより期待できる」という論について。先に転用の項でみたように、農業委員会の仕事を首長部局（一般行政）に移すべきというのは地方行政団体組織等から繰り返しいわれてきたことでもある。

　しかし農外者も農地取得・利用できるようになったことから、ただちに農地管理を「農業者の代表組織」以外にゆだねるべきということになるだろうか。またそのことが農業と農外の「中立性」を保つことになるだろうか。

　ａ．このような考えは、結局は今回の農地中間管理機構における県管理の発想にも通じるものといえる。それは農地行政を一般行政ではなく敢えて行政委員会に託してきた歴史的経緯、そして国による権力統制から地域自主管理に移行してきた農地管理の思想と現実に反するといえよう。

　ｂ．百歩ゆずったところで、量的なバランスも考えるべきだろう。現に農地利用しているのは圧倒的に農業者であって、非農業者ではない。

　ｃ．自治体の平成合併は、ついに小学校区（明治合併）、中学校区（昭和合併）という生活共同体のエリアとの関連[24]を断ち切って野放図に拡大し、都市の農村包摂が格段に強まり、議会構成も都市利害偏重的にシフトした。そのような自治体首長部局に農地管理をゆだねることが、ほんとうに「中立」

を確保し、農地を守ることに通じるだろうか。

　前述したように農業委員会は選任委員の形で各界代表者の参加を得ている。全国農業会議所は有識者による「農業委員会の制度・組織に関する検討会」（2013年）をもったが、その「中間整理」では、「法令の精通者、商工事業関係者、消費者等の幅広い人材の農業委員への選任の推進」、すなわち選任枠の拡大と多様化をうたっているが、この辺が当該問題の落としどころではないか。

構造政策の推進主体としてふさわしいか
　農業委員会は農地の流動化・集積に十分な成果をあげていないという批判である。確かに農政が期待するスピードでは構造政策が進んでこなかったかもしれない。農業委員会が、少ない事務局員体制と、任意業務に対する委員の躊躇から構造政策にまい進する状況になかったことも事実である。また農地のあっ旋は「仲人より難しい」とされ、連坦化については「隣の田んぼが一番借りづらい」とも言われ[25]、拙速な介入は人間関係や流動化の機運を損なう。

　推進主体を農業委員会から農協に変えても事態は変わらないことは円滑化事業について後述する。規制改革会議は「農地利用最適化推進委員」（行政や農協のOBが主に就くのではないか）の設置を提起しているが（後述）、どう機能するかは未知数である。

　前章でみたように、そもそも農業構造は農家の高齢化等の状況によってしか動かない。動かない時はいくら政策的に促進しても動かない。逆に機が熟せば黙っていても動く。前1節にみたように今はその時だといえる。朝令暮改的な構造政策いじりよりも、今は地域における「人・農地プラン」の作成、

---

(24) 明治・昭和合併と学校区は無関係という説もあるが（松沢裕作『町村合併から生まれた日本近代』講談社、2013年、13ページ）、実態面から実証される必要がある。
(25) 稲垣、前掲論文、64ページ。

そのための地域ぐるみの徹底した話し合いに全力を注ぎ、その輪のなかに農業委員が溶け込んで、農地精通者としての任務を果たすことが最善である。「人・農地プラン」は農業委員の単独出動でないところに利点がある。

第2節　脱却農政と農業委員会・農業生産法人

1．農地中間管理機構をめぐって

　第1節3でこれまでの農地制度のめまぐるしい変遷をみてきた。その屋上屋を重ねる形で、農地中間管理事業（機構）が提起されるに至り、その過程で農業委員会は大きく揺さぶられることになる。まず、機構の必要性についての三者（政権、農政、財界）三様の理由をみていく。

　第一は、政権である。その点については既に第1章2節で見てきた。簡単に言えば、アベノミクス成長戦略に即した「農業の成長産業化」にとって、規模拡大や農外企業の参入は不可欠とされ、首相は「成長戦略第二弾」で「農地集積バンク」を目玉に取り上げた。

　第二は、農政である。2006年には品目横断的政策を法制化した担い手経営安定法が制定され、選別政策が制度化された。当時の農水省官房長（後の次官）は、経済財政諮問会議のEPA・農業WGで、「価格とか専業、兼業を同一に扱う政策とはもう決別した。ただ農地の問題は私たちも残された大きな問題だと思っている。……それをもって農業の構造改革が終わる」と答弁している。このような「最後の課題」が2009年の農地法改正と農用地利用改善事業の設立だった。

　しかし農地利用集積円滑化事業は「最後」の切り札になりえなかった。利用改善団体の半数は農協が占めたが、農協は組合員組織であり、組合員の資産移動への関与には限界があり、相対で決まっていた貸借を制度に乗せて補助金を確保させるのが精いっぱいだった。2011年の利用調整の実績をみても、農業委員会によるものが12.7万haに対して円滑化団体のそれは3.2万haにとどまっている。

そもそも仕組みとしても、本格的に農地の面的集積を果たすには前述の農地保有合理化事業のような中間保有・転貸借が不可欠で、円滑化事業の、権利移動を伴わないたんなるあっ旋（建前として白紙委任とはいえ）では限界があった。

　農政は短期間で円滑化事業の白紙委任あっ旋方式に見切りをつけ、転貸借による農地集積方式に切り換えた。しかしそれだけであれば、農地保有合理化事業（県公社）を抜本的に強化し、多くの県で売買中心だったその機能を賃貸借まで拡大・普遍化すれば済むことだったが[26]、それでは腹の虫がおさまらない者もいた。

　すなわち第三に、財界の意向である。財界はとくに1990年代半ばからの規制緩和政策、21世紀に入っての小泉構造改革を背景に、株式会社の農地取得を賃貸借から所有権に段階的に容認していくことを強く要求し、2000年代後半にはし烈を極めるようになった。それが農水省による「中間的受け皿組織」「農地中間管理機構」の提起を契機として、規制改革会議、産業競争力会議等を通じて、農外企業が確実に農地取得できるルートの具体化をめざしたといえる。農業委員会を通じて地域につながる農地保有合理化事業の延長では、その野心は達成しがたく、新たな仕組みが必要だった。

　以下では、まず機構の仕組みを紹介したうえで、財界がいかに関与しようとしたかをみていく。

農地中間管理機構の仕組み

　法制化された中間管理事業の概要を、経過や農水省のマニュアル類も含めてみていく[27]。

---

(26) 福島、山口など実際に集落営農法人化と絡めて賃貸借で成果を上げてきた県公社もあった。拙稿「農地保有合理化事業を通じる面的集積体としての集落営農」『土地と農業』No.43、2013年。
(27) より詳細には法、施行規則および全国農業会議所『図で見る　改正農地制度で進めよう！　農地の集積・利用』2014年、稲垣照哉「動き出す『農地中間管理機構』の論点」『農政調査時報』第571号、2014年。

ａ．新法制定の形をとった。このことにより農地関係法は、農地法（主として農業委員会担当）、基盤強化法（主として市町村、農地利用集積円滑化事業は前述のように農協主体が多かった）、そして農地中間管理事業法（県レベルの機構が主体）の三本立てになった。農業者としても、地域としても、どの法律に基づいて農地を扱えばいいのか戸惑うところであるが、機構を経由した地権者には地域集積協力金、経営転換協力金、耕作者集積協力金等が支払われ、中間管理機構経由への誘導が図られることになる。しかしこれらの協力金は地権者が機構に貸しただけではもらえない。機構が貸し先を確保した場合に初めてもらえる。

　ｂ．知事が県に一つだけの法人（県の第三セクター）を設立することになった。それに伴い農地保有合理化法人（県公社）は廃止されるが、実際には県公社の衣替えとなる。

　ｃ．機構の業務としては農地（農業用施設用地も含む）の借り受け、貸付け（転貸借）、売買・信託、農地の管理（作業委託による農業経営も）、土地改良その他の簡易な利用条件の改善も行う。その費用は機構が負担するが、小作料に上乗せして回収する。

　ｄ．実施基準として規模拡大、農地集団化、農業参入がうたわれている。農業参入には企業のそれも当然に含まれる。事業は区域重点的に実施する。

　ｅ．とくに借りた農地の滞留防止に努める。そのために利用困難な農地は借受けしない。２～３年たっても借り手がなければ契約解除する。つまり耕作放棄されそうな条件不利な農地ははじめから手を出さないし、手を出しても借り手がなければ返す。要するに「いいとこどり」機構（良い農地を企業にあっ旋）、「リスクを取らない」機構として仕組まれる。

　ｆ．機構から担い手への貸付けにあたっては、定期的（毎年〇月）に区域ごとに募集・公表し、選定ルールを設けて適切な相手方を選定する。借り手が農作業に常時従事しない場合は「地域の農業における他の農業者との適切な役割分担」に配慮し、一般法人にあっては「法人の役員のうち１人以上が事業に常時従事」することとする。

g．機構は農用地利用配分計画を定め、それを知事が認可・公告したことによりに利用権が設定され、その場合は農地法の許可は不要になる。市町村に農用地配分計画の原案作成を委託できるが、機構が最終的に判断する。市町村は必要に応じて農業委員会の意見を聴くことができる。

 h．第三者への事業委託ができる。再委託は不可。この点は事業を複雑化・無責任化させない点でベターだが、問題は委託先である。

 i．役員の過半数は経営に関し実践的な能力を有する者(農業法人経営者・食品製造・加工関連企業経営者のOB等が例示されている)、選任・解任は知事認可、知事は役員の解任命令をだせる。役員会のほかに評価委員会を設置する。役員選考にはリスク管理能力が重視されているが、役員の実態は県公社時代と変わらないようである。

規制改革会議等の関与

 以上の制度設計にあたっては財界人を主なメンバーとする規制改革会議・産業競争力会議等が深く関与した[28]。その意見は次のようである。

 a．「人・農地プランで、集落だけで進めるのではなく、大規模な農業をやっている方、企業等々の関心を持って、意欲のある方々が入りやすくする」、「農地は集落のものという考えを乗り越え」るべき(新浪剛史、ローソン)。「農業に新規参入、とりわけ企業による新規参入をどうやって担保できるか否か……が議論の肝」(長谷川閑史、武田薬品)。全国どこでも進出・就農できる環境を整備すべき。

 b．そのために借受け候補者は公募を必須とし、「人・農地プラン」をそのまま農用地利用配分計画の作成や認可に用いるな。そもそも「人・農地プラン」は運動論に過ぎず、法制化は慎重にすべき。農業委員会の法的な関与

---

[28] とくに制度の詰めの2013年9月に集中しており、その議事録はネットでみることができるが、まとまったものとしては「農地中間管理機構（仮称）の創設に関する規制改革会議の意見」（9月19日）、産業競争力会議農業分科会「農地中間管理機構（仮称）について」（9月20日）。

は求めない。農地制度における農業委員会の果たすべき機能及び組織のあり方について早急に検討すべき。

　ｃ．基本的に借りやすい優良農地から優先順位をつけてやっていくべき、ゆめゆめ耕作放棄地対策として用いられることのないようにしろ。

　ｄ．運営委員会（農水省の当初案で、認定農業者、中心的経営体、学識経験者等で構成）は機構の職務機能を監視・監督する機関に代えるべき、機構の業務委託は入札制（信託、不動産業者、都市プランナー等）。

　ほぼ以上である。業務委託先の入札制等を除き、基本的に財界委員の意向を反映した制度設計になったといえる。

　以上の動きの背景には政策決定過程の根本的な変化があった（第１章３節）

国会における修正

　しかし財界の思惑通りにはいかず、国会論議を通じて超党派（みんなの党を除く）的な修正案と付帯決議がつくことになった。露骨な財界意向、その意を体した官邸主導農政、農水省の下請化に対して、自民党農林族ではなく超党派的な反発が起こったことは、ある意味で政策決定過程における今ひとつの変化ともいえる。

　法の修正案では、中間管理事業の円滑な推進と地域との調和に配慮した農業の発展を図る観点から、市町村内の適切な区域ごとに「農業者等による協議の場」を設け、その結果を取りまとめて公表することとした。文言としては入っていないが、「協議の場」は事実上「人・農地プラン」をさすといってよい。付帯決議ではストレートに「人・農地プランの内容を尊重して事業を行うこと」としている。

　また修正案および付帯決議では国の財政支援や地方の負担を必要最小限にすることとされた。

　さらに付帯決議は、いずれの市町村においても機構との協力・連携体制を整備し、市町村は農業委員会の意見聴取を基本とすること、農協やその出資法人も機構の業務委託先とすること、農地利用集積円滑化事業との役割分担・

相互補完を図ること、そして最後に「アドバイザリー・グループである産業競争力会議・規制改革会議等の意見については参考とするにとどめ、現場の実態を踏まえ現場で十分機能するものとなること」とされた。

これらの経過を踏まえて農水省が作成した「農地中間管理機構に関するQ&A」(2013年12月)、「農地中間管理事業規程(参考モデル例)」(2014年1月)では、「人・農地プランは農地政策の基礎」であり、「ほぼすべての市町村に業務委託」し「農用地利用配分計画の原案作成」を担ってもらう、その際に「農業委員会の協力は不可欠」とした[29]。こうして財界により断ち切られようとした機構と地域の繋がりが再度、接続することになった。

機構(事業)の性格と問題点

以上の経過から、機構(事業)のあり方は、財界・官邸と地域・農業との綱引きの渦中にあるといえ、その実態的性格は今後の運用の中で決まっていく。

第一は、ある意味で市町村・地域に面倒な業務を「丸投げ」しつつ、最後の決定権だけは自らに留保するという「虫のいい機関」だといえる。そのことは、前述のように運用次第で良くも悪くも作用しうる。農地保有合理化事業における県公社と農業委員会の関係はそれぞれが汗をかく対等の関係で、県公社職員も現場に出向き苦労してきた。業務委託となれば、決定権を持つ機構はどれだけ地域について熟知しうるのだろうか。

第二に、「本気でリスクをとらない機関」だといえる。それは耕作放棄地・遊休農地対策に端的に現れている。2009年農地法改正で遊休農地対策がとら

---

[29] 借受決定、条件整備の決定、受け手希望者の公募・リスト作成・公表、利用配分計画の決定は業務委託できず(機構の権限)、利用配分計画の原案作成は市町村以外には業務委託できない。農協組織も合理化事業、円滑化事業の実績ある全ての農協が業務委託を受ける方針を出したが、農協は利用配分計画の原案作成ができない。脱却農政における農協の位置づけは、この段階で明確になっていたといえる。

れたことは前述したが、今回、農地法改正を通じて、遊休農地や所有者死亡等による耕作者不在農地について、農業委員会が利用意向調査を行い、機構との協議を勧告したり、機構に通知したりして、知事が裁定・公告して機構が権利取得する制度が新設された。従来の「指導」より格段に強化された制度であり、その運用にあたり農業委員会は重責を担わされることになる。

　それに対して、機構は受け手のみつからないような農地はそもそも借りず、借りても受け手がみつからない農地は契約解除することにしている。財界の意向もありもっぱら農地の「滞留」を避けることを旨としているが、これでは農業委員会が地権者に機構との協議を勧告したり機構への通知をしても、機構がその農地の権利を取得するとは限らない。そうなると耕作放棄地対策は財政的に厳しい市町村レベルの責任に帰せられてしまう。

　リスクをとらない点は、受け手がみつかってからはじめて協力金を支払うということ、土地改良費用の小作料上乗せ等にもみられる。

　第三に、事業のシステムでは依然として農外企業と地域の担い手農業者との間の競合可能性が残されている。借受希望者は年一回の公募に事前に応募する必要があるが、その面倒をクリアすれば可能である。財界は農業生産法人の要件緩和を要求し続けており、経済同友会は農業生産法人の役員は農業従事1名以上で可とすべきとし、国家戦略特区では農作業従事要件そのものを廃止する、としている。こうして2009年法改正で農地借入が可能になった一般法人以上の緩和が求められている。

　また農地法の一部改正により、農業委員会による農地台帳・地図の作成が法定化され、インターネットの利用その他により公表されることになった。そのこと自体は個人情報の点をおけば望ましいことだが、誰でも、どこからでも特定の農地の情報を知りうることになる。この第二、第三の点をあわせれば、東京に本社を置く企業が子会社の農業生産法人を設立するなどして、特定地域の農地の借り手として事前に登録することも可能になる。

　こうして農外企業と地域の担い手とが同じ農地をめぐって競う関係も起こりうる。最終的には機構が決定権をもつが、その際に企業効率等を優先する

ことになれば、農外企業に軍配があがることもありうる。法は前述のように「地域との調和に配慮」、「他の農業者との適切な役割分担」に配慮することとし、農業委員会が意見を述べることができるようになっているが、その規定は抽象的・裁量的であり、一抹の危惧を払しょくできない。

　第四に、利用権の設定が農地法の賃貸借の許可除外となった経緯は既に述べた。一口で言えば地域における地権者団体の自主的管理・集団的利用は農地法による農地移動の国家統制になじまないということだった[30]。その自主的管理の主体は本来的には「むら」だったが、前述のように法律上、公的性格が必要とされたことから市町村の事業とされ、その結果、市町村が農用地利用増進計画を立てることが「集団的な利用調整の結果が盛り込まれた集団的な利用権設定行為」[31]だというふうに形式化していった。それをわずかに防いだのが、農業集落を基盤に選出された農業委員の合議による農業委員会の決定を経ることだったといえる[32]。

　しかるに農地中間管理事業法では、機構が決定した農用地利用配分計画を知事が認可して公告することをもって利用権が設定され、農地法の許可を要さないこととされた[33]。

　その理由はもっぱら「手続きをできるだけ簡単にする観点から設けられた」と説明されている（全国農業会議所パンフレット）。しかし農地法の適用はそんな便不便で外せることだろうか。利用権を設定する「農用地利用増進事業の主体は農民の自主的組織を必要とすることに変わりありません。そして

―――――――――――――――

(30) 農地の自主的管理に関しては拙著『農地政策と地域』（前掲）、第8章。
(31) 若林正俊編『農地法の解説』全国農業会議所、1981年、253ページ。
(32) 今一つは、利用増進法に定められた農用地利用改善事業で、これは集落等を基盤に農用利用改善団体を設立し、農用地利用規定を作るなど自主管理を具体化するものだが、必ずしも活性化しなかった。ところが集落営農化の機運が高まるなかで、同団体を発展させた特定農業団体から特定農業法人への道が開かれ、自主管理が集落営農（法人）化に具体化したとも言える。
(33) 日経9月6日社説は「農業委員会の許可なしで農地を賃借できる制度ができた」とした。

これはいまだに解けていない宿題です」(34)という課題からさらに遠ざかることになる。

通常であれば、前述のように市町村が業務委託を受けて農用地利用配分計画の原案を作成し、その際に農業委員会の意見を徴することになっているから、実態としては従来と変わりない。にもかかわらず市町村は原案作成までで、決定権は機構に留保され、知事の認可・公告・利用権設定という手続きを経ることとされている。その理由は一にかかって、市町村外・農外からの応募があった際の調整は市町村に任せられず、少なくとも県レベルでのそれを要するとされるからである。いいかえれば「農地は地域が自主的に管理すべきもの」というこれまでの思想を否定し、「農地は地域の内外を問わず効率的な利用にゆだねるべきもの」という思想への転換である。いわば農地を地域固着的な地域資源としてではなく、動産的な生産手段（土地は動かないが、その利用者は広域流動的になる）と見立てることともいえよう。そこには農地管理主体としての農業委員会の否定も含まれている（次項）。

なお、このような不動産の動産化の果てには、一般法人の農地所有権取得、さらには農地の証券化も危惧される点も指摘しておきたい。

２．農業委員会をめぐって

以降は、規制改革会議答申を軸とする2014年の狭義の脱却農政の展開である（**表0-1**）。

答申は農業分野の総論として、まず「農地中間管理機構の創設を、国民の期待に応える農業改革の第一歩とし、その上で」、農業委員会、農業生産法人、農協の「在り方等に関して、これら３点の見直しをセットで断行」するとしている。

農業委員会については「遊休農地対策を含めた農地利用の最適化に重点を置き、これらの業務の積極的な展開を図る。／残された時間的な猶予は少な

---

(34) 東畑四郎『昭和農政談』（前掲）、134〜5ページ。

い中で、農地利用最適化推進委員（仮称）を新設するなど農業委員会の実務的機能の強化を図る」としている。

　まず前項の農地中間管理機構が「第一歩」として枢要であること、「その上で」、農業委員会は、「農地利用の最適化」に最重点を置き、（余計なことはやらずに）「実務的機能」に徹せよ、というメッセージである。すなわち農業委員会を農地の地域自主的管理の組織から機能的・効率的・実務的な組織に変えろということである。これが以下の基調になっている。

選任制への移行

　農業委員会とは、前述のように選挙により選ばれた農業者が非常勤公務員として農地行政に携わる制度であり、元々は公務員でない一国民としての農業委員が農地移動等に関与するにあたっては何よりも公平性が求められ、その公平性を担保するのが選挙制度である。

　しかるに答申では、農業委員は名誉職になっている、兼業農家が多いという口実で選挙制を否定した。すなわちa．現行の選挙制度および議会・農業団体等による選任制も廃止し、市町村議会の同意を要件とする市町村長の選任制に一元化する。b．委員数は現行の半分程度に削減する。c．過半は認定農業者から選任し、利害関係のない公正な者を必ずいれることとした。

　前述のように農業委員は平均して専業とⅠ兼（Ⅰ兼は内容的には最も農業色が強い）をあわせて7割弱、認定農業者も1/4おり、Ⅱ兼は29％で、名誉職、兼業農家が多いというのは全くの誤解である。

　新たに議会の同意が要件として入ったが、公平性の観点から中立性を保つべき農業委員が、首長の選任のうえ、議会の同意を要するとなれば政治の渦中に巻き込まれることになる。首長の選任も首長の意向に沿う人事となり、農業委員会は首長部局から独立した行政委員会ではなく、首長部局の一つに組み込まれてしまう。例えば極端な例を出せば、首長が地域開発に熱心な場合にその意向に沿った選任がなされれば、農地転用も甘くなるかも知れない。

　また「事前に地域からの推薦・公募等を行えることとする」とされている。

これは原案にはなかったが、自民党が入れた。毒抜きの一種で、いざ選任制に移行した場合には、利用できるものではあるが、そこまで言うならなぜ選任制にするのか、選挙（地域推薦）制のままでよいのではないかということになる。

bは原案では5～10人となっていたのを、その上限程度に少し緩めた。前述のように農業委員会制度の原案は集落推薦制だった。農地事情は集落により様々だからであり、せめて藩政村（大字）程度のエリアから選ばれるぐらいの定員が必要である。

cについては、担い手が農業委員になることは必要だが、農地の移動には出し手と受け手がおり、両者の意向がマッチして権利移動が成立し、農地の団地化も可能になる。そのためには出し手側の意向も反映する必要がある。

以上の選任制化の背景には次に見る農業委員会の任務・業務の限定がある。

業務の限定

答申は、総論では前述のように「遊休農地対策を含めた農地利用の最適化に重点」としているが、文中では「遊休農地対策や転用違反対策に重点」としている。

では「農地利用の最適化」は誰がやるのかというと、それは「農地利用最適化推進委員（仮称）」が行う。委員は農業委員会が選任し、農業委員会の指揮下で働くこととされているが、「時間的な猶予が少ない中」、農地流動化を農業委員に任せてはおけないというのが本音だろう。そこに見られるのは農地は地域が自主的に管理するものではなく、効率的な集積を図るのが第一だという考え方である。

答申は、意見公表、行政庁への建議等の業務は法定業務からは外すとしている。やりたければ任意でやれということだが、任意の行為では無視される可能性が高い。

選挙制の廃止と建議機能の廃止は表裏一体である。地域における農業者の比重が下がり、自治体や農協が広域化されるなかで、農業者の意見を地域に

アピールし、行政に反映させることはますます重要になっている。しかし首長から選任された者が首長に建議しても始まらない。農業者の総意を代表するには選挙制が不可欠である[35]。

なお「農地利用最適化委員」は、原案ではたんに「農地利用推進員」になっていたものを、自民党案で修正した。仮称とはいえ、あえて「最適化委員」とするのは、地域の現状が「最適化」からほど遠いことの批判的言辞であり、委員が地域で活動するうえでもプラスとはいえない。

共通事務局制

実務を担う事務局体制については「必ずしも十分ではない」として「複数の市町村による事務局の共同設置」等をあげている。自治体の広域合併で特に高齢化した農業者等から自治体が遠ざかり不便になってしまった。また非合併自治体等では事務局が手薄だが、そもそも隣接自治体間が距離的に遠すぎるので合併しなかったわけである。いずれをとっても事務局の共同設置は農業者、とくに高齢化した交通弱者等の地権者から農業委員会を遠ざけるだけである。

農業会議・全国農業会議所制度の見直し

原案は「法律に基づく……制度は廃止」になっていたが、自民党案で「農業委員会ネットワークとして、その役割を見直し……都道府県・国が法律上指定する制度に移行する」となり、それに答申が「新たな」を「制度」に付け加えた。「新たな」は農協中央会との並びともいえるが、現行類似の制度には絶対にさせないという意思表示ともいえる。

前述のように農業委員会は市町村―県―国の段階をつなぐ系統組織に一応はなっていた。農業委員は行政のプロではないし、前述のように事務局の体

---

(35) 松浦龍雄「しかし、選挙制をやめたら農民の代表と称する農業会議系統というものはなくなるですよ」。東畑四郎「なくなる」(東畑・前掲書、287ページ)。

制は首長部局に依存し、人的体制も弱い。それを県国のレベルから補完してきたのが県農業会議や全国農業会議所である。農地は地域のものであると同時に県土・国土でもある。また自治体単位の農業者の意見をとりまとめて県国のレベルに反映させることも重要である。

　答申は、そのような系統組織の縦的補完性を廃止し、点（組織）と点を横につなぐコンピュータ用語上の「ネットワーク」になれとしているが、ネットワークそれ自体はコンクリートな組織でないところに意味があるとすれば、ネットワーク化は間接的に組織としての「廃止」を言うに等しい。

　以上のように、選挙制・建議機能・系統性の三つの廃止は一体のものである。その根本にあるのは、農業者の意向を結集して農地の自主的集団的管理を行う組織から、機動的・効率的に農地集積に資する機能組織への転換、農地管理組織から構造政策推進組織の変更といえる。

農地転用・権利移動許可

　植物工場、販売加工施設など農業の6次産業化・成長産業化に資する農地転用は基準緩和し、迅速な転用を可能とするというものである。6次産業化・成長産業化は極めて広範囲にわたり曖昧でもあり、それらを名目とした不適切な転用が懸念される。販売加工施設がいつのまにか住宅に転じていたなどというケースもあり得ることで、他方で答申が強調する違反転用の厳格な取り締まりと矛盾する。

　また農地流動化の阻害要因となる転用期待を抑制するために、転用利益の地域農業への還元等も答申された。「中長期的に検討を進める」とあるが、「2014年度検討・結論」の扱いになっている。

　所有権絶対の思想が支配し、転用利益も地権者に帰属する日本において、政府組織が、ヨーロッパ流の転用差益の社会への還元を口にしたこと自体は画期的である。しかしそれは日本人の土地所有観、財産権の根底に及ぶ革命的な制度転換が必要であり、本気になってやる気があるのか、転用規制強化のポーズとりなのか定かでない。

また農業委員会の最重要任務である農地の権利移動許可については、原案では、「農地として利用される場合については、法人に権利移動される場合を除き原則として届出とする」とあった。現行許可制度は、農地を耕作する者のみが権利取得できるという耕作者主義に基づいて、それを満たしている場合にのみ許可するものだが、「届出」にしてしまえば、形式要件が整っていればフリーパスになる。「法人を除く」としても、資金ある農外者個人の名義で、農外利用目的を秘めながら農地を借入・購入するケースはいくらでもありうることで、極めて危険な提案だが、これも自民党案・答申では「農地制度の見直しについては農地中間管理機構法の５年後見直しに際して……検討」と先送りされた。

まとめ

　答申は、農業委員会をⅡ兼農家や地域ボスの集まりのような誤ったイメージで把握しているが、前節のS市農業委員会の実態にみられるように、そのような認識は既に現実によって乗り越えられてしまっている。定数にしてもS市農業委員会のように、地域単位とともに農業委員一人当たり何haの農地を担当するのが適当かといった視点が欠かせない。

　答申は、農地集積のための機能的委員会たるべきという建前を採りつつ、実際に例示した機能は、最適化委員の「指揮」、遊休農地・違反転用対策、要するに監視機能であり、そのためには少数精鋭でいいとしている。実際には、これらの業務を行うには地域ごとの監視・対応が不可欠であり、いわんや農地集積の中核になるとしたら地域に密着した現場主義の農業委員会たる必要があるが、答申を貫くのは農業委員会を現場から切り離された、権限だけはもつ机上委員会に形骸化し、首長支配にすることだといえる。

３．農業生産法人をめぐって

「農地を所有できる法人」

　規制改革会議は一貫して「農業生産法人」ではなく、「農地を所有できる

法人」というタイトルのもとに農業生産法人を論じている。農業生産法人は確かに農地の借入のみならず所有(購入)ができるが、そもそもは自作農の集団、さらには「地域に根ざした農業者の共同体」として仕組まれたもので、所有・購入はその一つの属性に過ぎない。「所有できる」を前面に出すのは、つまるところ後述するように「農地を所有できる法人」の一般化(一般法人の所有権取得)をゴールにしているといわざるをえない[36]。

農業生産法人の要件緩和

それはまず農業生産法人の要件緩和から始まる。

 a．事業要件…原案では廃止としていた。現行法では農業生産法人の「主たる事業」(売上高が過半)は農業と農業に関連する事業(農産物の貯蔵・運搬・販売、農業資材の製造、農作業受託、農村滞在型余暇化活動関連)に限られ、従たる事業の種類は問わないことにしている。これを廃止すれば、農業以外を主たる業務とするⅡ兼法人も「農業生産法人」を名のれ、何をやっている法人も(他の要件を満たせば)農業生産法人として農地の所有権取得が可能になる。

 答申では事業要件には触れていない。しかしながら原案にはなかった「事業規模拡大に十分に対応できるか、農業者の資金調達手段を狭めていないか」等を付加して、原案の意向をにじませている。

 b．構成員要件…原案・答申は、議決権を有する出資者のうち農業関係者は1/2超にする、1/2未満については制限を設けないとした。

 現行制度では、構成員になれる関連事業者(農業関係者以外の法人に関連する事業者で、法人から物資・役務の提供を受ける者、法人に物資・役務を提供する者等)の議決権を1/4以下に制限している。なぜ1/4以下にしたかと

---

[36] これまで農業生産法人は「農業する法人」と呼ばれてきた。ところが2009年農地法改正で一般法人も農地賃借が可能になり、「農業する法人」になってしまった。そこで「農地を所有できる法人」としたのだろうが、そのことにより意図もまた明白になった。

いうと、意思決定の会議は1/2以上で成立し、その1/2以上で可決される。従って、最低1/4超を確保すれば関連事業者が法人を支配できる可能性が生じるので、それ排除するためである。

　答申は、第一に、その1/4以下を1/2以下に緩和することで「農業関係者」以外の支配を可能にする。

　第二に、1/2未満については制限を設けないということは、誰でも、すなわち農業に関係のない一般企業等も構成員になれる。それらが1/4以上を占めれば上述のように農業生産法人を支配できる可能性が生まれる。この第二は第一の点をダメ押ししつつ、農外企業の支配可能性をより積極的に打ち出したものと言える。

　ｃ．役員要件…「役員又は重要な使用人のうち一人以上が農作業に従事」とされた。これまた現行では役員の過半は法人の常時従事者、そのまた過半が農作業に60日以上従事とされている。これも実際にその身をもって農作業従事する以外の者が1/4以上を占めて法人支配することを排除するための規定であり、先の構成員要件と同じ趣旨である。

　答申が可能になれば、例えば東京に本社を置く企業が農村地域に子会社を設立し、そこに「農場長」といった名目の「重要な使用人」を一人置けば農業生産法人として認められ、農地も所有できることになる。

　ｄ．一般（リース）法人

　なお答申は、わざわざ「リースの場合における役員の要件についても同様」にするとしている。前述のように2009年農地法改正で、個人も法人も誰でも農地を借りられるようになったが、法人については「業務執行役員のうち一人以上の者が耕作又は養畜の事業に常時従事」が要件とされた。これが答申のいう「リースの場合」だが、その要件を「役員又は重要な使用人のうち一人以上が農作業に従事」でよい（「常時」をとる）ことにする規制緩和である。その問題点は前述のとおりである。

農業生産法人の要件の適用はずし

　原案では、一定期間、農業生産を継続している農業生産法人については農業生産法人の要件を課さないという提案があった。たとえば5年程度農業継続した農業生産法人については事業・構成員・役員要件を課さない、すなわち事業は何でもでき、誰でも構成員・役員になれるようにする、というものである。つまり一定期間農業を継続したら、農業生産法人の要件はすべて外して、すなわち一般法人と同じにして、しかも農業生産法人の資格だけは残して、農地の所有権取得を可能にするというものである。これが冒頭に述べた「農地を所有できる法人」の到達点である。

　これについてはさすがに自民党案でも、「農地中間管理機構法の5年後見直しに際して、リース方式で参入した企業の状況等を踏まえて検討する」と先送りし、答申もそれに従った。

本節のまとめ

　農業・農地は食料の安定供給と多面的機能の供給という国民的課題を担っている。このように農業・農地の任務は公共的（みんなのため）であるが、農業・農地の所有・所在は地域固着的であり、私有制度下にあって公共財ではない。公共性と非公共財の矛盾は国有化でもしない限り解消せず、市場経済国に生きる者としては誰がどう調整していくのかが社会的土地利用規制の課題である。

　確かに今日、農外、地域外からの農地利用者も増えている。耕作放棄が進むなかで、それは貴重な農業の支援者でもある。しかし地域固着的な農地を守るのは、農地利用者の圧倒的多数を占める地域定住者としての農業者である。農業者のみである必要はないが、農業者が多数を占める形で農地行政に携わる行政委員会という仕組みは他に代えがたい。

　前述のように自治体が広域合併し、農協が自治体を上回る広域合併をして地域から遠ざかり、その理事も地域代表性を薄めるなかで、農業利害を結集する農業委員会の意義は強まりこそすれ、弱まりはしない。

問題は詰まるところ、選挙制か選任制かである。首長の意向に人事をゆだねる選任制は、行政委員会という形式を借りつつ実態的には首長部局化するに等しい[37]。それが農地の地域自主管理という歴史的に醸成されてきた課題を担うのにふさわしいものか慎重な吟味が必要である。

　そのうえで農地がもつ公共的機能に鑑みて、農地を地域全体、ひいては国民のものとして大切にしていくために、さらには農業委員会が地域の農地と人を守るだけでなく、食を守る組織になっていくうえで、ステークホルダーや女性の委員を増やしていくことが現実的な対応である。

---

(37)教育委員会の問題は、事務局構成の特殊性もあるが、選任制への移行が何ら問題の解決にならないことを如実に示すといえる。

第**7**章

農業協同組合の解体的再編

はじめに

「戦後レジームからの脱却農政」で最も注目を集めているのは農協攻撃の部分である。農協が「戦後レジーム」の中核であるため、脱却農政の焦点となり、及ぼす影響も大きい。農協攻撃は今に始まったことではないが、中央会の廃止にまで及んだのは初めてである。

規制改革会議第二次答申については既に逐条的な批判を行ったが[1]、本章ではそれも踏まえつつ、第1節で、なぜ、いま、農協解体攻撃なのか、その本質は何か、に迫り、第2節ではそれが単協と連合会・中央会に関する答申にいかに貫徹しているかをみる。

第1節　農協攻撃の思想

1．なぜ、いま、農協攻撃なのか

20世紀の農協「改革」

農業基本法の立案者達は、農協について「真の農業者の代表の名に値するものであるか」「政策主体の代行機関ないし末端機関的要素をもち、『農民支

---

(1)『規制改革会議の農業・農協攻撃をはねかえす』農業・農協問題研究所、全農協労連、2014年7月、Ⅰ。
(2)農林漁業基本問題調査事務局監修『農業の基本問題と基本対策　解説版』農林統計協会、1960年、第1節第二。

配の組織』と化している」と嫌悪しつつも⁽²⁾、農業基本法本体においては流通・加工・協業・農地信託の諸過程において農協を重視していた。その圧力団体的要素を嫌いつつも、農政浸透機関としては大いに利用するということだろう。

しかし官と農協の「1955年体制」・「愛と憎しみ」の構造は、1980年代半ばからのグローバル化とともに崩れていく。集票組織の機能を低めつつも、米価運動やガット・ウルグアイラウンド（UR）での米自由化反対運動を展開する農協系統は農政や政権党の鬼子になっていった。

そしてグローバル化に伴う米流通の自由化と金融自由化は農協の経済基盤を掘り崩していく。それに対して農協系統は1991年の第19回農協大会で、広域合併による自己責任体制の確立、組織・事業の2段階制移行をめざした。

バブル崩壊により90年代半ばに表面化した住専問題の解決に当たり、農協系統は行政に致命的な借りをつくることになり、同時にURの終結により、政府・自民党との三者協議の枠内に抑え込まれ、以降の農協は農政の大勢に逆らわない組織に変じていった。

21世紀の農協「改革」

2000年の農協大会はJAバンクの構築を掲げ、2000年代初めにJAバンクシステムが法整備とあわせてスタートし、法は農林中金に県信連や単協に対する指導権限を付与した。

JAバンク化に伴い、農協の組織再編もそれまでのあり方から、信用事業の仕様に基づく信用事業本位の組織再編・合併に転換していった。農協合併も世紀転換とともに性格を変えた。

しかるに小泉内閣の新自由主義的な構造改革のなかで、政財官一体となった農協攻撃がし烈化した。時の農水大臣が農協に「改革か解体か」をせまり、競争原理の導入と株式会社化を促した。アメリカや財界は「株式会社とのイコールフッティング」を強調し、経済事業の独立採算化、信用・共済事業の分離、独禁法適用除外の廃止、員外利用規制等が主な争点になった。

このようななかで21世紀の農協「改革」は、信用事業「改革」の一段落を受けて、経済事業改革なかんずく全農のそれが焦点になった。それは以上の攻撃への対応であるとともに、米価低落による農業所得減に有効な手立てを欠いた農政が、資材価格の引き下げに活路を求めたこと、農協としても経済事業の破綻が信用事業に及ぼす影響を恐れたためである。

　農水省は2002年に「農協のあり方研究会」（座長・今村奈良臣）を設けた。その報告「農協改革の基本方向」（2003年3月）は、「行政代行業務の是正」「農協系統の自立」等をうたうとともに、全農について「自らの販売関連事業は代金決済、需給情報提供などの機能に特化」しろとしていた。また農水省「経済事業のあり方の検討方向について―（中間論点整理）―」（2005年7月）は、「実質的な全国一本化」（経済連の統合）か、「全農のダウンサイジングと県本部又はブロック別の再編成」を提起し、後者については「再編成後の単位組織の全国協議会を設立することも一つの方策」としていた[3]。

構想から制度化へ

　以上、歴史を振り返ったのは他でもない、今回、農政審において農水省の担当局長は「議論が尽きている所が相当あり、平成15年の農協のあり方に関する研究会で言われたことと、今年6月の活力創造プラン・与党のとりまとめと基本的方向性はほとんど変わっていない。やるべきことは大体見えているので、いかにうまく実践するか、制度としてそれをいかに支えるかだ。その際、経済界と農業界の連携が重要だ」[4]と発言しているからである。

　要するに、①今回の答申等は一見真新しく見えるが、方向は既に2003年研究会において打ち出されていた。②いいかえれば答申の下敷きは2003年研究会報告であり、その書き手は農水官僚である。③今回の課題は制度化だ。④「経済界との連携」が鍵である。

（3）農協「改革」の歴史については拙編著『協同組合としての農協』筑波書房、
　　2009年、第10章（拙稿）。
（4）『日刊アグリ・リサーチ』2014年7月24日号。

しかし2003年との違いもある。2003年には「全農は全中の指導方針に従って改革すべき」としていたが、今回はその全中の法制度上の抹消に及んだ。
　10年前の案が今まさに実践に移されようとしている。それは一に係って第1章にみた、「戦後レジームからの脱却」をめざす強力な安倍政権の登場、そして自民党農林族の消滅である。加えて、第3章でみた米政策改革における生産調整政策の廃止である。
　この間に政権交代があるにはあった。しかし民主党政権下の行政刷新会議の顔ぶれは自民党時代の規制改革会議等と大差なく、「農業の成長産業化」に向けて、主な論点として、①独禁法の適用除外の見直し、②金融庁・公認会計士監査、③土地持ち非農家の組合員資格保有の解消等を掲げ、中期的検討項目として、④信用共済事業の分離、⑤1人1票制の見直し、出資額に応じた議決権、⑧准組合員の廃止等を掲げている[5]。
　要するに政権交代を通じても、「農業の成長産業化」という目標も、そのための論点設定にも全く変わりないことに驚かされる。それに対して今回の特徴は、個々の組織・事業ではなく、全事業、縦横全ての組織に及ぶこと、単なる構想ではなくその制度化に向けて具体化を図る点にある。

2．農協攻撃の狙い

農協攻撃の目的意識

　規制改革会議の意見・答申は一貫して、各農協が「不要なリスクや事務負担を軽減して、経済事業の強化を図る」、「6次産業化にリーダーシップを発揮し、農業者に最大限の利益を還元できるように経営に精通した者を積極的に登用し、執行体制を整える」としている。
　自民党案にはこれに「農協批判を終息させ」が入る。規制改革会議の中和役、なだめ役を演じつつ、農協「改革」を着地させる役割を任じている。農

---

[5] 民主党政権時代の農協問題については拙著『反TPPの農業再建論』筑波書房、2011年、Ⅴ。

第7章　農業協同組合の解体的再編

協系統も農水省では埒があかないとして自民党詣を事とする。

「経済事業の強化」「6次産業化等を通じる最大限の利益還元」は政権交代にもかかわらず一貫した目的であり、それはこの20年間で農業所得が半減するという現実、それに対する自民党の農業・農村所得倍増戦略に呼応するものである。具体的には食品の付加価値90兆円に対して農業生産は8兆円でしかないが、この付加価値部分を農業に取り戻す、そのために経済事業の強化で販売力を付ける、ということである。

この目的には誰も異論はなかろう。答申の最大の問題は、このような誰もが否定できない目的を錦の御旗・建前として、そして農協がそもそも自治・自立の組織であるという大前提を無視して、外部から権力と法律の手を借りて、農協の組織・事業のあり方を押し付けようとする点にある。

農協攻撃の思想（1）──新自由主義的再編

具体的には、この目的を達成するために最もふさわしい企業形態を採るべきというのが規制改革会議・農水省の一貫した問題意識である。つまり協同組合的な企業形態や事業方式がア・プリオリな前提ではなく、その前提そのものを問え（疑え）ということである。

市場経済・資本主義経済に最も適合的な（効率的で最大限に利潤をあげる）企業形態は、いうまでもなく株式会社である。それに対して協同組合は、「民主的管理」のために意思決定にてまどり、効率性を損う。そのかわり「市場の内部化」を通じて組合員の「ニーズと願い」をさぐりあて、追求する。

しかるに今や競争力と効率性の追求が第一義としたら、協同組合をア・プリオリに前提とすることはできない。そして市場経済における経済力・競争・効率性の追及を第一義とする考えは新自由主義に通じる。

このような協同組合の新自由主義的改変、その株式会社への限りなき接近は、欧米の協同組合が追求してきた道でもあり、日本でもとくに小泉構造改革以来それは各論的に追及されてきたことだが、それを農協系統の全体に及ぼそうという意味で、今回の答申は画期をなす。第1章2節で新自由主義的

農水官僚という定義をしたが、まさに彼らが下書きしたシナリオである。

答申では単協は「利益を上げ、組合員への還元と将来への投資に充てていくべきことを明確化するための法律上の措置を講じる」としている。これは具体的には、農協法第8条の組合員のために「最大の奉仕をすることを目的とし、営利を目的としてはならない」という非営利規定の改廃を指す。この非営利規定は具体的には出資配当制限をさす。株式会社は出資配当の最大化を目的とするので、それとの種差を明確にするために設けられた規定である。しかるに農水官僚は、非営利規定を「儲けてはならない」と受け取る人がいるとして、この部分は必ず法改正したいとしている。

ここには論理のすり替えがある。先には、利益の組合員への最大限の還元とは、経済力・販売力を付けて農産物の付加価値を高めることだったが、ここでは「企業体としての農協が利益を上げ、それを組合員への還元と蓄積ファンドにあてていく」ことにすり替えられている。

かくして非営利規定＝出資配当制限を取り払えば、第一に、株式会社との本質的な差異はなくなり、その結果として第二に、独禁法適用除外や法人税上の優遇措置もなくなる。イタリア等では既に出資のみの組合員も認められているが、いずれそうなろう。

規制改革会議の「意見」では全農の株式会社化が掲げられていた。それが自民党の検討を経て、「農協出資の株式会社」に変えられるとともに、その株式会社化案が農林中金や全共連にまで拡大した。

「株式会社化」一般に対して「農協出資の株式会社化」は一定の歯止めにはなる。しかし株式会社としては利用高割り戻しではなく出資配当を一義とし、各農協の出資額に応じた配当になる。さらには、いずれは1人（1組合）1票から出資額による表決に移行することになろう。生協の事業連合等は既にそのような方式をとっている。

また「農協出資の株式会社」がその原型をいつまで保てるかも定かではない。株式会社は、株の自由な販売・譲渡により投資の回収を可能にすることを通じて資金調達することを原点としており、株式の譲渡制限をかけうると

しても、それは例外措置としてであり、かつせいぜい譲渡に会社の許可を要する程度であり、完全に譲渡を防げるものではない。株式の本旨からしてもいずれ自由に流通することになり、当初は農協所有の株が一般法人に、さらには多国籍企業や外資にわたる可能性も否定しえない。

自民党案・答申は「単協は、自立した経済主体として、適切なリスクを取りながらリターンを大きくしていく、生産資材等について全農・経済連と他の調達先を徹底比較して最も有利なところから調達して事業運営」すべきとしている。共同購入主体から自由競争主体への転換である。

また前述のように原案では、「農業者に最大限の利益を還元できるよう外部から経営に精通した者を積極的に登用し、執行体制を整える」（自民党案・答申では「地域になじみや所縁のある者」を付加）、また「理事の過半は認定農業者及び地域内外問わず民間経営経験があり実績を十分有する者」（自民党案・答申では「農産物販売や経営のプロ」）としている。あたかも一般企業がCEOや取締役を選ぶような感覚である。

以上要するに、企業形態、組織原理、役員等のいずれをとっても「限りなき株式会社への接近」と評することができる。

農協攻撃の思想（2）——産業政策と地域政策の峻別

今回の農協「改革」は、前述のように農産物の販売強化や6次産業化を通じて付加価値を高めることを目的とし、そのために農協を農業者のための職能団体に純化し、その他の要素は別組織化していくという発想がある。先の担当局長も「農協にはいくつかの顔があるが、活力創造プランでは、基本的に農業者の協同組合としての側面に力点を置いて農協がどうあるべきかを整理している。農家、特に担い手にどのようなメリットが出るか、これが第一である」と述べている[6]。

これは農協を職能団体純化させるか地域協同組合化するかの古いテーマの

（6）『日刊アグリ・リサーチ』2014年7月24日号。

蒸し返しともいえるが、それに尽きない。第4章1節で触れたように、産業政策と地域政策の峻別の一環でもある。

そもそも食料・農業・農村基本法の制定からして、「農業」と「農村」の間に「・」を入れて、両者を視野に入れて社会的統合を図りつつ、同時に峻別する立場を打ち出している。第4章1節でふれた日本経済調査協議会『農政の抜本改革・基本指針と具体像』（2004年5月）[7]は、「農業と農村に対する政策的な支援は必要である。けれどもそれは明確に設定された政策の目的、その目的の達成にふさわしい対象の限定、そして効果を最大限に引き出すことができる形態のもとで行われるものでなければならない」として、「大切な……は、産業政策や地域振興政策としての農政の体系に社会保障の要素を持ち込まないことである」としている。これは直接には農業・農村もふくめた農政に社会保障政策的要素をもちこむなという提言にとれるが、文脈からして農業政策と農村政策の峻別論である[8]。

安倍政権の幹事長・石破茂は、政権交代直前の麻生内閣の農水大臣時を振り返りつつ、「産業政策としての農政と地域政策としての農政は分離すべきであり、……それに応じて『専業農家を中心とする農業者を主体とした本来の農協』と『地域の維持発展を目的とした地域組合』に分化するべきと私は今でも思っております」として、農水大臣の時に「地域マネジメント法」の立案に着手したとしている（6月6日）。

このような考えが、答申における、職能組合純化と「単協・連合会組織の分割・再編や株式会社、生協、社会医療法人、社団法人等への転換ができるようにするための必要な法律上の措置を講じる」につながる。農業者の階層分化を踏まえ、先取りしつつ、それぞれ別の政策で社会統合のなかに取り込もうという発想といえる。

（7）委員長は瀬戸雄三（アサヒビール相談役）、主査は生源寺眞一、メンバーには髙木勇樹、本間正義等の名が見られる。
（8）峻別論の次のパラグラフでは農村が専業的経営と兼業農家、ホビー農家、元農家、非農家に分解したことを指摘している。

第2節　農協攻撃の実相

　以下では単協と中央会・連合会に分けて、答申の具体的項目ごとに見ていく。全体については表0-1を参照されたい。

1．総合農協の解体

　答申は、第一に、現在の総合農協を経済事業に特化した職能組合にすること、第二に、農協を株式会社的な企業体にすること、の二点を通じて、事業・組織の両面で総合農協ひいては農協そのものを解体に導こうとしている。

協同組合の営利企業化

　この点は前節で指摘した通りで、農協の非営利規定を外し、農協をハイリスク・ハイリターン追求型営利企業化し、「自立した経済主体」、「単協の自由な経営」と持ち上げつつ、単協を単独・自力で大競争に立ち向かわせようとしている。協同組合はもちろん自治・自立の組織であるが、それは主として政府や外部団体に対してであって、ローカル・ナショナル・リージョナル・国際的な協同組合間協同を否定するものではない。

信用事業の農林中金の代理店化

　規制改革会議は、原案では、単協の信用事業を農林中金に移管し、自らは信用事業を行わないか、農林中金の窓口・代理店になれとしている。しかしそれは既にJAバンク化に際して法的に可能になっているので、自民党案・答申では、その法的に可能とされた方式の「活用の推進を図る」とし、その場合の「手数料等の水準を早急に示す」としている。

　その背景として農水官僚は、金融グローバル化によりリスクが高まるなかで、経営資源を経済事業に集中すべきとしている。確かに国際的に有効な資金移動規制を欠くなかで今後ともグローバルなバブルリレーが引き続き、金

融リスクが高まることが確実である。だからこそ、農協系統はJAバンク化により「一つの銀行」として行動することを「自主ルール」として決めたわけで、現状では可能な限り有効な手は打たれている。

　従って、信用事業のために経済事業がおろそかになっている、信用事業をやめて「経済事業に全力投球」すべきというのがその建前的主張であろう。

　しかし実際には経済事業が信用事業に支えられているのがまぎれもない現実である。多くの農協が部門別損益計算において、農業・生活・営農指導事業の赤字を信用・共済事業で補っている。それだけでなく、営農貸越制度で、資材代金も農家の希望に応じて7月、11月といった一定の期日まで延払いし、その間の利子相当分を他部門から補てんしている。中金の代理店となれば、厳密に利子を課すことになり、農家負担がそれだけ増える。購販売事業の手数料は低いが、それを上げれば農家の経済を圧迫する。営農指導事業が手数料をとることも現実的ではなく、その費用を他部門が支える必要がある。

　答申は、代理店としての手数料で賄えというが、代理店化すれば、まず単協が営々として築きあげてきた金融資産（不良債権を除く）が農林中金に譲渡されてしまい、業務的には貯金窓口、定型ローン程度しか扱えず、事情に精通しない中金が行なう農業者等への貸し付けは厳格化せざるをえない。組合員も「おらが農協」だからこそ貯金するのであり、たんなる支店・代理店なら、「銀行もゆうちょもあるよ」ということになり、集金力も衰える。つまり代理店化は実質的に農協の相互金融の否定であり、農村金融市場を市中銀行のビジネスチャンスの場にしかねない。

　農林中金が手数料として出せるものには自ずと限界があり、恣意的な引き上げは許されない。手数料として考えられるのは、事務所等の賃貸料、人件費に代理店報酬（これが「手数料」のことか）を加えたものに限定され、自ら信用事業を営んでいた場合の運用益（貸出金、有価証券、信連・中金への預け金等による利益）や、最大の収入源である奨励金はなくなる。つまり手数料収入で経済事業を支えるのは困難であり、結局は総合農協潰しにつながる。

共済事業の事務負担の軽減

「意見」では、単協は全共連の窓口・代理業化となっていたが、自民党案・答申では「単協の共済事業の事務負担を軽減する事業方式を提供」とされた。

農協の共済事業は既に共済連と単協の共同元受になっており、リスクの保有割合は共済連100％なので、単協はリスクを負わずに新規契約費・維持費を受け取ることができる。「意見」はそういう現実をみないで窓口・代理店化を提案したので修正は当然だが、全く具体性を欠いている。

まず原案の窓口・代理店化については、共同元受であれば、事故対応等においてきめ細かいサービスができるが、代理店となると業務も限定され、組合員サービスは落ちる。単協は手数料次第では共済連の代理店か一般生損保会社の代理店かを天秤にかけざるをえない。また組合員としても一般生損保会社を選ぶのと変わらなくなる。現在でも自動車や火災保険は年齢別・地域別等の掛け金率の設定が可能であり、一般損保会社が安い掛け金率を提案することで単協に支店化を勧誘することもできる。そのことにより全国の農家が相互扶助するという「共済」の思想は消える。

答申の事業方式改善については新規契約費より維持費に力点をおいた単協還元にすべきである。

購販売事業の競争化

この点は自民党案・答申で加えられたもので、前述のように、購買事業については「全農等と他の調達先を徹底比較して、最も有利なところから調達」、販売事業については「買取販売を数値目標を定めて段階的に拡大」とされた。前者については、実態的にはどの農協も追及していることであり、規制改革会議が論ずべき制度論になじまない。

販売事業については、ある程度まで農協がリスクをとって買取販売することは既になされていることだが、制度として「数値目標を定めて段階的に拡大」となると、共同販売の制度的否定につながる。韓国では買取販売しているが、組合長は組合員から高く買わないと次の選挙が心配であり、高く買え

ば売れないというジレンマに直面している。

理事会の見直し

「意見」では、経営ノウハウの活用、メンバーの多様化、外部者の登用を図るために、理事の過半を「認定農業者及び地域内外問わず民間経営経験があり実績を十分有する者」となっていた。例示では「役員経験者等で地域になじみや所縁のある者」としているが、「地域内外問わず」となれば、(地元出身の) 東京の大手企業役員でも地域農協の理事になれる。これでは地域の農業者が自らの代表としての理事を選んで運営する組織ではなくなり、農外企業に支配される一般企業になってしまう。

自民党案・答申では「過半は認定農業者、農産物販売や経営のプロ」と少しぼかされたが、表現上の手直しに過ぎない。多くの産地農協 (経済事業が黒字かそれに近い農協) では既に認定農業者が多数を占めているので、主眼は「経営のプロ」にある。

ここに貫かれているのは、農協を組合員が自らの代表を選んで民主的に管理する協同組合から、外部の経営プロが「経営者支配」する営利企業組織に変えてしまうことである。「農協」という名前は残ったとしても、組合員を一網打尽にして株式会社に差し出す「網」にしか過ぎなくなる[9]。

組織形態の弾力化

単協・連合会を分割・再編したり、株式会社・生協・社会医療法人・社団法人等へ転換できるようにする、というものである。協同組合は人びとのウォンツ・ニーズに基づく自発的な組織だから、解散も自由、他の企業形態をとるのも自由である。だからここでの主張は組織再編手続きを簡単化するということだろう。

---

(9) 規制改革会議農業WGの金丸座長は、農協「改革」で最も重視したのは単協の理事会の見直しだとしている (日本農業新聞、2014年8月22日)。最も手を付けやすいという意味でもあろう。

その理由として「多様な組合員や地域住民のニーズに対応して農協が的確なマネジメントを行えるよう」（「意見」）としている。そもそも、どうして協同組合以外に転換することが、「農協が的確なマネジメントを行える」ことになるのか分からない。自民党案・答申では「より組合員の利益に資する場合」と変えているが、「組合員の利益」というより員外利用規制の回避などを指すのかもしれない。

いずれにせよ、准組合員は生協に、福祉や医療は社会福祉法人や社会医療法人へ、といった形で各部門等を分離独立させ、農協は総合農協から経済事業に特化した農業職能組織に「純化」させることである。他方で、こうして経済事業以外の部門も「自立」してしまえば、経営危機に際しても農協系統組織としての支援は受けられなくなり、孤立する（後述）。

准組合員制度

「意見」は准組合員の事業利用を正組合員のそれの1/2以下にしろということだった。自民党案は、単協が「地域のインフラ」になっていることを配慮しつつも、「農協法制下では員外利用規制は本質的なもので、対応に限界があることに配慮する必要がある」としている。つまり「員外利用には限界があるから准組合員制度は原案より多少は手心を加えて」ということだろう。答申は、その部分はとばして、結論部分だけを「農業者の協同組織としての性格を損なわないようにするため、准組合員の事業利用について、正組合員の事業利用との関係で一定のルールを導入する方向で検討」として、1/2という数字はぼかした。

原案ではこの項目だけ具体的な理由が付されていない。恐らく准組合員の利用が多いと、その対応に力を削がれて経済事業がおろそかになるという建前論で職能組合純化論を押し付けるためだろう。答申でも同じで、なぜそうしなければいけないのかの立証性に欠ける。

准組合員が全国平均で過半を占めるようになった。地域的にみると三大都市圏は約6割、北海道は79％、九州も54％を占める（日本農業新聞、2014年

3月31日)。つまり都市化地域と北海道や九州といった遠隔畑作純農業地域で准組合員が多くなっている。

　後者では兼業農家として営農継続することが難しく、専業的に農業するか離農するかの選択を迫られることになり、また遠隔地なるが故に農協利用に依存する度合いが高いことから、准組合員が多くなると思われる。要するに農協は農業地帯で、農業者向けの営農・経済事業に精を出すとともに、元農家、非農家の役にもたっており、准組合員の利用が現実に経済事業を阻害しているわけではない。

　農村は高齢化等から土地持ち非農家化が進んでおり、TPPをはじめとする農業潰し政策や選別政策により離農が多発している。准組合員化が進むなかで、その利用量をあらかじめ制限することは、農業にとっての大切なステークホルダーを農協から締め出すことになり、農業の利益にもならず、逆に農協の事業量を減らし、総合農協を兵糧攻めすることになる。

　准組合員の利用制限は、准組合員の利用をあたかも員外利用扱いして、それを規制しようとするものである。自民党案は規制改革会議も触れなかった員外利用に敢えて触れ、「員外利用規制は本質的」としているが、世界の協同組合で員外利用規制しているのは日本と旧社会主義国くらいなもので、公共性（みんなのためという性格）のある事業の利用について員外利用規制すること自体が公共性に反し、国際標準から外れる。日本では、国際的に例外的な員外利用規制との見合いで准組合員制度が活きているともいえる。自民党の提起は、国際標準との関わりで、員外利用規制と准組合員制度をセットで検討すべきことを引き出したともいえる。

他団体とのイコールフッティング

　原案では、「安易に……農協系統に行政代行的業務を行わせることがないよう」にし、「他の農業者団体を対等に扱う」。「農水省は、自治体が地方行政として農政の推進を図ることができるよう適切な措置を講じる」としていた。端的に「農協の役割は終わった」とし、暗に、独禁法や税法上の特別扱

いをやめてフツーの企業体になれとしている。農政の下請けを「農協から自治体へ」というのは、農業基本法立案者達の悲願でもあった[10]。しかし立法化された農業基本法は農協に依存したし、実際に多くの自治体は、国の農政を地方に伝達し、その実施プランを立案するのがせいぜいで、地域農政の実行は農協等に深く依存している。行政の農協依存は国だけでなく、自治体においても同様である。

　そこで自民党案・答申からは自治体云々は消え、「行政代行を依頼するときは、公正なルールを明示し、相当の手数料を支払って行う」とした。今度は手数料で解決しようというわけである。農協を限りなく経済事業体にしようとする答申のトーンからすれば、「行政代行」はどんな形であれ矛盾でしかない。

　現実の農政は、生産調整政策の廃止や農地中間管理機構における農用地利用配分計画の原案作成から農協を締め出すなど、農協への丸投げ（生産調整）や排除（農地調整）になっている。そんなことでは地域農政が実働部隊を失い、混乱するだけである。矛盾の根源は、農協を経済事業体に特化させようとする答申の基本姿勢そのものにある。

２．中央会・連合会

中央会の「廃止」

　原案は極めてラディカルだった。「単協が地域の多様な実情に即して独自性を発揮し、自主的に地域農業の発展に取り組むことができるよう、中央会主導から単協中心へ、『系統』を抜本的に再構築するため、農業協同組合法に基づく中央会制度を廃止し、中央会は……例えば農業振興のためのシンクタンクや他の団体等の組織として再出発を図る」としていた。

　それに対して自民党案は、「農協法上の中央会制度は……適切な移行期間

---

[10] 農林漁業基本問題調査事務局監修『農業の基本問題と基本対策　解説版』（前掲）51〜54ページ。

を設けたうえで現行の制度から自律的な新たな制度に移行する」とした。答申はそれを受けているが、その際に「各単協の自由な経営を制約しないよう」という理由づけを3回も繰り返している。

　しかしそれを理由にするには、各単協から「中央会は邪魔だ。要らない」という声が澎湃として起こる必要があるが、その兆しはまったく見えない。単協の系統利用率は購買67％、販売82％（米79％）（2011年）であるが、そのなかで系統利用率の低い農協の事例を全国紹介しなかったことが、ほとんど唯一の事例として報道され、それが利用されているが、これは経済事業に関してであって、中央会に関することではない。「各単協の自由な経営を制約しているから」とは言えず、「制約しないように」という予防拘束的なことしか言えないところに根拠の薄弱性がある。かくして中央会廃止の真の理由は、第1章でみたようにTPP反対運動に対する報復と阻止だろう。

　以上の答申等の文言（加えて「農協系統組織内での検討も経て」）から「農協法上の中央会制度」が残るような期待もあるが、「農協法上の中央会制度」から新たな制度に移行するわけだから、「農協法上の中央会制度」は廃止される。

　この点について、石破幹事長は記者会見で「農協にとって都合の良い形と言いますか、また改革がそんなに進まないのではないか」という質問に対して、「全中が法的権限をもって監査を行わなければ破綻というものが防げないか」「コンサルタントみたいな役割を行うには、法律的根拠がなければできないのか」と指摘しつつ、「今のご指摘のような話にはなりません」と断言している（6月10日）。要するに原案の「シンクタンクのような他の団体等の組織として再出発」に限りなく近い結論が考えられている。

　自民党の農協改革の責任者である森山裕議員は全中は「もう（政治）運動はやめた方がいい」としている（朝日6月13日）。要するにTPP反対運動もやめろということである。さらに農水相（当時）も「農協法に基づく現行の中央会制度が存続することはない」と明言している（同、6月21日）。安倍首相も「法定の形の中央会のあり方は廃止」と明言した（6月24日テレビ）。

西川新農水大臣も「中央会制度の役割は終わった」とした（9月5日）。

中央会とは何か

　これらの廃止論を誘導した一因として中央会制度の複雑な性格がある。農協法はそもそも単協と連合会について規定していたが、昭和20年代末の第一次農業団体再編問題時に、法改正で中央会が単協や連合会とは別の章で規定されることになった。中央会は全国指導農業協同組合連合会（全指連）という前身をもつものの、法が創設した組織といってもよい。

　中央会は次の三つの性格をもつ。

　第一に、「組合の健全な発達を図ることを目的とする」。すなわち会員外の組合をも対象とする点で、共益性を超える公共性をもつ[11]。

　第二に、協同組合には一次組織と二次組織がある。一次組織は単位協同組合、それに対して二次組織は単協から派生した（積み上げた）、単協を補完する組織で、通常は「連合会」と呼ばれる。しかるに中央会は、単協の県中への加入は任意だが、県中とその正会員である単協・連合会は全中に当然加入とされている。県中はともかく、全中のこのような強制加入性は加入・脱退が自由な協同組合の本旨に反する。

---

(11)「会員のみならず会員以外をも含む組合を対象とし、国の組合育成の方針に呼応しつつ指導教育を行うものであり、このような公共性……」（加藤一郎『農業法』有斐閣、1985年、478ページ）。米坂龍男『四訂　農業協同組合史入門』全国協同出版、1982年、127ページも参照。

(12) 今回の農協「改革」の「焦点はJA全中が持つ全国監査機構の監督権限の廃止だ」（仏田利弘、日経2014年6月21日）という声にもかかわらず、答申は監査には触れなかった。全中監査は会計監査と業務監査が一体化しており、コンサル機能と監査機能の分離が国際標準化されるなかで特異な存在であり、攻撃しやすいわけだが、規制改革会議は既に2008年に「指導と一体となった監査は必要」としていた。全中監査は被監査組合から報酬を得ておらず、賦課金から賄われ、個々のケースにおける利益相反を問えないからだろう。筆者は一般の公認会計士による監査との選択制もありうると思ったが、聞き取りによっても農協の独自性に対する理解は乏しく、選択される可能性は低い。

また中央会は、その事業として、組合の組織・事業・経営の指導、監査、教育・情報提供・紛争調停・調査研究等を行うとされている[12]。この「指導」という考え方も「自治・自立」の原則をもつ協同組合になじまない。中央会は、組織に関する「指導」として農協の広域合併など、要らぬ「指導」もしてきた。以上から連合会性とともに、官製性・上部団体性をもつ。

　このような公共的組織、派生的二次組織、官製的上部組織の三重性格の背景には、「危機的状態に陥った農協経営を再建するための強力な指導権限を持った特別の制度」と答申が規定する歴史的背景、農協を農政浸透機関として利用したい農政の思惑、農業委員会「系統」を分断しつつ自らの系統性を執拗に追及した農協陣営の思惑、という三つが絡んでいる。

　以上から、中央会はそもそも農協ではないという見解が、設立時から担当した農林官僚によって表明され、そのような見解は今日まで引き続いている[13]。しかし、そうであれば、「農協中央会法」とでも言うべきものを別に制定すればよく、なぜ、農協法の中に書かれたのか分からなくなる。中央会が農協法の中に書かれたからこそ、農協は系統性を保持でき、非営利組織として不可欠な賦課金徴収も可能になり、税法上の優遇措置を受けることができ（これは公共性の面もあるが）、その事業について独禁法の適用除外を受けることができたのである。

　しかるに答申は、このような中央会の複雑な性格を見事に突いてきた。そもそも単協から積み上げられた二次組織ではなく、法律により設立された官製組織の面を強調すれば、法の中央会規定を削除しさえすればあっさり消えてなくなる存在になる。

---

(13) 当時の農協課の担当官僚の見解については、満川元親『戦後農業団体発展史』明文書房、1974年、による。太田原高昭の「制度的にはむしろ公益法人に近い」（『系統再編と農協改革』農文協、1992年、126ページ）は、今日の一般社団法人化説の先駆である。「中央会は、協同組合ではなく、農協法に準拠した『法人』である」（石田正昭、日本農業新聞2014年5月28日）。最近の農協法の概説書もことごとく中央会の項はなく、暗に協同組合性を否定しているように想われる。

中央会の機能

　しかし、一挙に事実上の廃止にもっていくには論理の飛躍がある。以上から言えることは、中央会を廃止したり、新たな法定外組織に変更することではなく、官製的上部組織の面を脱色し、単協・県中・全国連合会等の二次組織（連合会）に改編することである[14]。二次組織であれば、連合会として法定の農協組織になることができる。

　問題は、どのような機能を担うかである。その点については、農業者、単協レベルから「どうしても中央会が必要だ」という声が積み上げられる必要がある。答申もせっかく「農協系統組織内での検討も踏まえ」としているのだから。

　単協レベルからは情報や事例の収集・紹介機能が切に求められており、それはそれで大切だが、それだけでは法定組織にはなり難いだろう。

　日本では農民運動組織が全農民を結集する規模では発展せず、農協がその代わりを果たしてきた面がある。農業が国民生活に果たす役割は新基本法にうたわれたように大きいにもかかわらず、その比重が低下するなかで、農業者が政治・政策的要求をナショナルなレベルで結集・反映させていくことは不可欠であり、政府等への建議機能も含め、制度的に保障していく必要がある。

　日本の農協は、単協は総合農協だが、連合会・中央会は分野ごとに分立しており、事業連合会の間の調整機能を担う権限を法的に付与された組織が必要である。

　日本の農協は、流通機能面に押し込められ、生産にはタッチしてこなかったので、個々の事業連では（全農の一部機能を除き）全国規模で米の生産調整等の需給調整をする機能を欠いている。その点をカバーしてきたのが中央会であり、生産数量カルテルを独禁法適用から外すには、後述するように法定の協同組合である必要がある。

---

(14) 太田原、前掲書、128ページ。

小規模生産者が多数を占める農業において市場・競争だけでは需給調整は不可能であり、協同組合の関与が不可欠になる。政府は5年後に生産調整政策のあり方を最終的に決めるとしているが、政府が手をひけば引くほど協同組合の役割は大きくなる[15]。

全農と独禁法適用除外
　原案はあっさり株式会社化だったが、答申は、「農協出資の株式会社に転換することを可能とする法的措置を講じる」とした。
　株式会社化の理由は、「グローバル市場における競争に参加するため」（原案）、「員外利用規制、事業範囲等の制約を受けない」ため（自民党案）、「経済界との連携を連携先と対等の組織体制下で迅速かつ自由に行えるよう」（答申）、ということで、株式会社化によるグローバル競争、経済界との連携、事業範囲の拡大と、独禁法適用除外のメリットを天秤にかけて、得な方を採れということである。グローバル競争の点で農水省が例に挙げるのは肥料のアジアへの輸出であり、事業範囲の拡大では自然エネルギーの売電等である。またマスコミでは有力単協の出資が増えて農業利益に即した運営ができるといった理由づけもされている（読売、5月10日）。
　これらの根底にあるのは第1節2でみた、協同組合という企業形態そのものを否定し、株式会社化してグローバル市場で自由に競争して最大限の利益を得て、出資配当の形で単協に還元すればよいという考えであろう。そのさらなる根底には「経済界との連携」すなわち財界の傘下に入れという勧めがあり、全農の株式会社化で外資導入等を容易にして多国籍企業化を一層促進するアベノミクスの狙いがある。
　しかし同じ株式会社という企業形態をとらなければ経済界と連携不可能と

---

[15] 生産調整政策への農協の寄与については第3章1節2を参照。他方「生産調整を農協が担うというのは農協改革とは反対の方向になる」という指摘もある（生源寺眞一、日経2014年8月3日）。その場合に「米価は下がる可能性が高い」（同）。

言わんばかりの言い方はおかしい。農協出資の株式会社といっても、前節で触れたようにいつまでも株式の譲渡制限はできず、農家が営々と築き上げてきた全農の膨大な資産が外資にのっとられてしまう危険性さえありうる。

しかし最大の問題は株式会社化による独禁法の適用除外外しである。答申の文言は、a．株式会社化して独禁法の適用を受ける、b．株式会社化してもやり方によっては独禁法の適用除外を受けられる、のいずれを言いたいのか不鮮明なところを残している。

aであれば、独禁法の適用を受けても「問題がない」ということになるが、共同購入・共同販売は全農の根幹事業であり、それができなくなっても「問題がない」ということはあり得ない。全農は協同組合ではなく一般企業として競争に打ち勝っていくということになるが、それは手数料や販売価格の引き上げなど、農家を犠牲にせずして可能ではない。

そこでbだとすれば、果たして株式会社化しても、農協会社として独禁法適用除外を受けられるのかが問題である。

独禁法は、日本では様々な適用除外があったが、「平成9年および11年の一括整理法により、独占禁止法の適用除外カルテル制度はほぼ全面的に廃止された」[16]。同論文によれば、その直接のきっかけは日米構造問題協議であり、その最終報告（1990年）で「独占禁止法適用除外制度について必要最小限度のものと」することとされ、それに伴い国内の法整備がなされた。

そのようなアメリカ発の新自由主義の支配下で、ほとんど唯一、適用を除外され続けているのが協同組合である。独禁法22条は、一定の要件を備え、かつ「法律の規定に基づいて設立された組合（連合会を含む）の行為」は適用除外としている。要件としては、①小規模な事業者や消費者の相互扶助、②任意に設立され、加入脱退が自由、③組合員が平等の議決権、④利益配分の限度が法令で定められていること、である。この要件は農協法のそれを追認したものと言える。小規模事業者とされているが、「連合会」も対象とさ

---

(16) 平林英勝「適用除外カルテル制度の廃止に見る独占禁止法の変容 ――「公共の利益」の解釈と協同組合の適用除外について」『法学』67巻6号、2003年。

れる。

　中央会は連合会ではないが、その事業については農協法73条24で適用除外にされている。

　以上を踏まえれば、全農や全中が「法律の規定に基づいて設立した組合」でなくなれば、独禁法の適用除外を受けられないことは明々白々である。そして「独禁法の適用除外カルテルはほぼ全面禁止」という一般的状況下ではいかなる逃げ道もない。

　全農が独禁法適用となった場合、そのしわ寄せは、どうしても協同組合間の協同を必要とする単協にくる。単協が全農に代わる共同購入・販売組織を立ち上げたとしても、全農が否定された以上は、全国展開の協同組合は認められない。従ってそれは協同組合の行為とは認められず、独禁法適用になる。大型農業生産法人等による全農に代わる組織づくりの動きもあるが、その点を十分に理解してのことだろうか。

全農の弱み
　他方で株式会社化論に対しては、全農は決定的な弱みをもっている。それは全農自身が、物流、パールライス、ミート、たまご、飼料、海外事務所等、本所で46、県本部も含めて120以上の子会社を擁している点である。これらは組合員・単協との関わりが間接的になるバックヤード的な部門や小売部門が中心だが、独禁法適用除外にかかる部分だけ協同組合として本体に残し、その他は株式会社のメリットを享受するという「内なる株式会社化」を放置しておいて、「いっそのことオール株式会社化したら」という答申の呼びかけを拒むのは難しいものがある。全農として子会社化・株式会社に関する一定の整理が不可避である。

　「市場の声を聴く」株式会社に対抗して協同組合がメリットを発揮するには「市場の内部化」を追求する必要があり、それには全農がどの分野でどんな事業をするかという部門選択、全農への結集力、全農の価格交渉力の検証が求められる。全農への一定の結集が結果的に価格交渉力を証明していると

いった開き直りは通用しない。農家は多少問題があっても「おらが農協だから」「性能がいいから」買っているのである。

　またやる気のある優秀な職員が単協を離職していく一つの理由に、信用共済ならまだしも「背広推進」などの農協らしからぬ「推進」が押し付けられる点が指摘されている。役職になるとノルマがきつくなる。株式会社化すればさらに「何でもあり」になるだろう。農協としてふさわしい事業とその方式を検討すべきである。

農林中金・全共連など

　中金、県信連・全共連については、答申では、経済界・他業態金融機関との連携を容易にするため、農協出資の株式会社（株式に譲渡制限をかける）に転換することを可能にするとしている。これは原案にはなく自民党案で付け加えられたものであり、原案よりたちが悪い。

　農林中金については、相互金融、農業金融、地域金融よりも経済界等との連携強化に力点を置く発想であり、それを自民党がわざわざ付け加えたのは官邸への配慮だろうか。2008年のサブプライム危機で困難に陥った中金は、単協等に増資を求め危機を切り抜け、短期に回復することができた。これは協同組合だからできたことで、農協出資とはいえ株式会社化すればたんなる経済的選択になろう。

　全共連を株式会社化したら、そもそも協同組合共済という考えが成り立たず、一般の保険会社と変わりなくなる。ここでも表面的な理由は信用事業と同じく「人的資源等を経済事業にシフト」（自民党案）だが、実は、税制上の優遇措置等をなくして協同組合共済を一般生損保会社の民間保険とイコールフッティングにすることは、在日米国商工会議所等が毎年要求し、米政府の公式要求になってきた重要項目である。規制改革会議はアメリカと一緒になって協同組合共済を保険化し、農村を保険業界のビジネスチャンスの場（アフラックが郵便局を窓口化するように、リスクの低い農村地域の単協を代理店化する）にしようとしている。

厚生連については自民党案では「員外利用規制がネックとなる場合には、この規制がなく非課税措置を継続できる社会医療法人に転換することを可能とする」としたが、答申は触れていない。わざわざ員外利用規制逃れを規制改革会議が勧めるまでもないという判断だろう。自民党案はその前段で、「厚生連は、組合員でない者を含め地域に必要な医療サービスを安定的に供給する。/その際、あくまで民間組織であるので、公的機関としての機能を発揮する上で必要な場合には地方公共団体から適切な支援を受けるものとする」ともしている。これはもちろん規制改革会議の採るところではなかった。

　ここには重要な問題がある。第一に、これは厚生連病院等の経営危機を受けて、社会医療法人等に移行すれば一定の恩典を受けられることを踏まえている。確かに一時的にはそうかもしれないが、それだけで経営危機を回避できるわけでなく、長い目で見て、他の全国連と同じく、農協系統から離れれば、所在する農村地域を基盤とする農協から離れることになり、その支援を受けられなくなる。

　第二に、背景には厚生連病院の員外利用規制問題がある。医療はそれを受けようとする者を拒めない公共性をもち、その点を考慮して員外利用規制も100分の100まで規制緩和されている。それでもオーバーする場合に備えて社会医療法人化を言うのであろうが、そもそも医療が員外利用規制になじむのかの根本的な検討が必要である。

　自民党案では単協について「農業者の協同組織という農協法制の下では員外利用規制は本質的で、対応に限界がある」として生活事業等の株式会社・生協等へ転換できるようにしているが、同じ論理はここにも当てはまる。しかし協同組合の員外利用規制はもはや国際標準ではなくなっている。その公共性（みんなに開かれている）に鑑みてのことだろう。

　今後、員外利用規制を強化しつつ、他の企業形態化を押し付けてくる可能性が高いが、員外利用規制については根本的な検討が必要である。そもそも自民党案は、厚生連病院を公的機関として強化しつつ、員外利用規制を「本質的」とする点で自己矛盾である。

第3節　どう跳ね返すか

1．全国連の動き

全中

　第1章2節2で2013年3月のTPP交渉参加表明時に安倍首相が「全中はTPP反対を唱える共産党や社民党と組むつもりだろうか」と述べたことを紹介した。この時から全中は、TPPには反対するものの、問題を農産5品の「聖域」死守に絞り込むようになり、幅広い国民的共闘を避ける道を選択するようになった。

　2013年11月11日、経団連と農業の発展について定期的に話し合う検討組織「経済界と農業界の連携強化ワーキンググループ」の初会合をもった。全中会長は「活力ある農業・農村づくりをするのが、（6月の）提言の趣旨だ。そのためのポイントは経済界との連携だ」と述べ、「TPP交渉と（検討組織）は一切関係ない」ことを強調した（日本農業新聞11月12日）。

　WGメンバーには、経団連側からは伊藤忠、カゴメ、朝日、住友化学、日本電信電話等が名を連ね、農協側からは全中、全農が出ている。折からマスコミは庄内農協の手数料問題に対する公取調査、金融不祥事の非公表など反農協キャンペーンを張り出した。全中は、このようななかで攻撃の最奥には「経済界との連携」問題があることに気づき、ようやく腰を上げたわけだが、TPP交渉で日本が妥協するのでないかということで反対運動が盛り上がっている最中でのそれは、農協陣営内をも意気消沈させる出来事だった。

　WGは、2014年4月には「活力ある農業・地域づくり連携強化プラン」をまとめ、「国産農畜産物の競争力強化と付加価値を最大化する『バリューチェーン』を構築する」「日本中に経済界と農業界のネットワークを広げる」としている。

　さかのぼるが全中は2013年11月13日には「活力ある農業・地域づくりに向けて」を公表した。①担い手の総合サポート支援、JA出資法人の設立、農

地の面的集積の加速化、②直販・契約・連携重視、6次産業化、輸出拡大、③地域コミュニティ・生活サポート事業の展開が柱である。①②はアベノミクス農政に寄り添うものであり、わずかに③に総合農協としての特色を出そうとした。

　しかし歯止めにはならず、規制改革会議の農業WGは農協問題をとりあげる意向を示し、農相は「自己改革を基本に」とした。

　2014年3月には「JAグループ営農・経済革新プラン」を公表するが、内容は前述のものに「組織運営・ガバナンス――担い手の意思を反映する迅速・柔軟な事業展開」を加えた程度である。具体的には担い手・青年組織・部会代表の登用拡大、担い手理事を中心とした営農・経済委員会の設置、常勤の営農経済担当理事、企業等の法人の組合員化・会員化等である。

　全中としては思い切った「担い手主体農協化」のつもりだったが、農相は「より検討し、具体化するよう期待する」と満足しなかった。

　担い手の意思をしかるべく農協運営に反映させること自体は必須課題だが、総合農協としてのバランス問題があり、体制側の農協「改革」の腹は、「担い手主体農協」としての職能組合純化、系統そのものの解体的再編にあり、農協陣営の大勢を占める地域協同組合化路線の否定にあった。

　その後の動向は既に述べた通りである。全中は、体制の断固たる意志を読み間違え、農水省が規制改革会議と一体化していることにやっと気づき、政権党のみを頼りとするに至ったが、「自民覆う『沈黙は金』」（朝日、2014年8月13日）のなかで、農水族議員に「入閣待望組」は多く、「JA全中の廃止は防いだが、いわば発展的解消だな」という農水議員の声を引用している（読売、7月19日）。

事業連の動き

　事業的にも農業者の協同を事業化する「農協らしさ」の追求よりも、民間大手企業との連携に活路を見いだそうとしているかに見える。

　2013年5月23日、**JA共済連**が東京海上日動火災と包括的な業務提携に関

して協議を開始することで合意したことが報道された（日農、5月24日）。自動車などの損保部分で検討会を設けて2013年度内に提携事項について結論を出すという。会長は「農村に強固な基盤をもつ共済連と幅広い商品開発などのノウハウを持つ東京海上日動が協力すれば、双方の強み・特長を一層いかせると説明」した。

　事業的にはその通りであろう。損保事業は一種の装置産業であり、厖大な装置（店舗、人材）を要して経営的にも厳しい。全共連は装置（店舗）はあるがノウハウは弱い。東京海上は損保最大手としてのノウハウはあるが、農村部の装置は弱い。

　しかし「共済と保険の垣根を越えた提携も必要だと判断」したというのはどうか。前述のようにアメリカは長年にわたり「共済と保険の垣根をとりはらう」イコールフッティングを要求してきている。全共連はTPPとの関連を問われると、これまた「全く関係ない」と回答したそうだが、それは主観に過ぎない。

　この光景はどこかで見たことがある。日本郵政とアフラックの関係である。TPPの日米事前協議で日本郵政が完全民営化されない限り新たな商品販売を禁じるべきという要求に日本政府が一方的に応じたら、かんぽ生命は店舗網を通じてアフラック商品の販売に転じた。同様にいずれアメリカの要求で共済の保険化がなされることを見越して、今から提携すると受け取られても否定しようがない。

　2014年3月には全共連と東京海上は「農業リスク分野の提携にかかる合意等について」を公表し、「農業リスク保障・サービス共同開発センター」を設置し、全共連と「幅広い分野における商品開発力や海外ネットワークに強みを持つ東京海上日動が提携することで……」とうたった。

　全農は農林中金やみずほ銀行と連携して農産加工・配送・レストラン等について民間企業との提携をめざし、例えばキユーピーと業務用野菜新会社を設立した（『日刊アグリ・リサーチ』10月16日）。全農は6次産業化のイニシアティブをそれなりに取ろうとしているが、それは全農の一層のアグリビジ

ネス化であろう。そして目下の最大の課題は、株式会社化か否かの比較検討だろう。

農林中金は、地銀等の6次化の地域ファンドに対抗して農林水産業ファンド100億円を形成しているが、その1億円要件等は大型農業法人等のみを対象とすることになり、ほんとうに資金に枯渇している草の根からの内発的6次産業化に応えるものとは言い難い。

中金トップは答申に関連して「(中金への事業譲渡は) 農協にとって大変な負担が発生する。一律に譲渡するのは困難だ」(日経、5月23日) と単協を慮るが、自身については、ヨーロッパ等の動向を長期に密着して観察しつつ、株式会社化も視野にいれているといえる[17]。

2．どう跳ね返すか──分断作戦に乗らない

第1章2節で述べたように脱却農政の基本は分断作戦である。それは具体的には次のような形をとる。

①農業委員会、農業生産法人、農協の「3点セット」を網羅的に俎上に載せることで、全論点展開をし、各論点の扱いに濃淡をつけて、「この点は見逃すから、これは飲め」式の駆け引きを強める。

②自民党案は農協にマイルド、農業委員会系統にシビアだったが、こうして系統間を離反させる。農協系統と農業委員会系統の分野調整と系統化をめぐる対立は昭和20年代末の団体再編問題の時からのものでもあり、今回はその新たな段階での蒸し返しでもある。

③農協系統については全国連の間を割く。単協にうずまく不満を利用して単協と連合会・中央会を離反させる。たとえば中央会は自らの生き残りばか

---

[17]「日本においても協同組織金融機関の全国銀行が株式会社化してその株式を、あるいは株式会社形式の子会社の株式を上場するという選択肢が浮上する可能性もある」斎藤由理子・重頭ユカリ『欧州の協同組合銀行』日本経済評論社、2010年、254ページ。

り考えているという他の連合会の不満が聞こえる。

④そして何よりも農業団体を国民から孤立させる。

このような分断作戦にのって各個撃破されたら終わりだが、現実は多分にその危険性を秘めている。

先に全国連の動きをみたが、全国連はそれぞれが経済界との連携、自らの株式会社化の方向で対応を図っている。全国連からは、答申に真っ向から反対する声はでてきそうもない。そんなことをしたら組織が潰されるという恐怖が先に立ち、協同組合の原点に立ち戻っての検討はほとんど期待できない。そこに全中をはじめとする官製組織には、官に生殺与奪の権限を握られた決定的な弱みがある。

全国連は自らの組織改編が単協に及ぼす痛みを十分に踏まえているとは言えず、単協もまた全国連・中央会の問題を「他人事」視しやすい。これは形を変えた分断作戦への屈服でもある。

そういうなかで、まず地域、組合員、単協から、「中央会は要らないか」「全農は株式会社化していいのか」という答申に対する反論の声がでてくる必要がある。全国連・中央会は「指導」者然として上から先に見解を出すよりも、まず地域・単協の声をじっくり聞き、それを自らの支えにする必要がある。そのような声を出すにあたって、攻撃の全貌、その体系性を把握する学習が欠かせない。総論把握を欠いたまま各論論議に入ってしまうと混乱する可能性がある。

先に4つの分断作戦をみたが、農協について最大の分断作戦は、農協を農業者のみの職能団体化して、その他の事業は農協から分離させ生協等の他組織にする総合農協解体路線である。それに対して、農協はいわゆる担い手層と一般の農民層、土地非農家、地域住民の両方を基盤とする農的地域協同組合の方向[18]を鮮明にし、両軸に対する接近をより具体化する必要がある。

農業者として活躍してきた者が農協経営に携わってみると、「農協は担い

---

(18)拙編著『協同組合としての農協』(前掲)、第10章(拙稿)。

手のために役立っているのか」と疑問をもつこともあるようだ。農協はTAC（担い手担当）が出向く全農方式をとっているが、ここでもまず担い手の要望をじっくり聞いて事業方式を固める必要がある。それは答申への対応でもあるが、同時に答申が嫌う准組合員や地域住民へのアプローチと、彼らの意向が農協運営に反映するルートの開拓が求められる。

終章

脱却農政と国民

脱却農政の基本的性格

　前章の最後に、脱却農政の分断作戦の最終的な狙いが、国民（日本国内に住む人々）と農業・農協等との分断にあるとした。それに対抗するためにも、今いちど脱却農政の全体を顧みたい。

　アベノミクスの経済政策の特徴はジャンブル（ごった煮）性にある。安倍首相は経済成長に政権の存続をかけている。そのため経済成長に貢献するかどうか、どのように経済成長に貢献させるかという観点から全てをみる。農業についても「農業の成長産業化」が第一である。

　経済成長の達成のための「戦略」は、第一に規制緩和である。これは新自由主義の追求であると同時に「戦後レジームからの脱却」という歴史修正主義の所産である。安倍首相は「岩盤規制の撤廃」を叫び、農協・農業委員会については「60年ぶり」の法改正、生産調整政策の廃止については「40年ぶり」を強調する。

　第二は、新自由主義・規制緩和とは相反する「新ターゲッティング・ポリシー」という、特定の産業・企業に対する国家介入政策である。農業もまたある意味で「新ターゲティング・ポリシー」の対象の一つになっている。その背景には、政権交代期に農業・農村票が一つの決め手になっていること、ガタのきた政権党の地方集票基盤の立て直しが必要といった理由がある。しかしその内容は「農業・農村のため」を標榜しながら、農外企業主体になっている（第三の外資依存については231ページ）。

　第1章の冒頭で、農業白書が、1990年以降の農業所得の半減、その背景としての農業の交易条件の悪化を指摘したことを紹介した。

それに対して脱却農政は、「食品産業の付加価値を農業にとりもどせ」を建前的なスローガンにし、農業の交易条件悪化の原因を、農協が販売力強化、資材価格の引き下げを怠ってきたことに求める。農水省担当局長は、農協は農産物の販売に力をいれるべき、そのために農産物価格が上昇してもその対応は農水省が考えるべきことで農協が考えることではないとまで言い切る。

　これは原因の転嫁である。交易条件の悪化は農産物価格の低迷と資材価格の高騰であるが、ほんとうに交易条件の改善を図ろうとしたら、第一に、確実に農産物価格を引き下げるTPPをやめ、国内要因から来る生産費を割り込む価格低下に適切な制度対応を図るべきである。

　第二に、輸入資材価格の高騰の背景になっている、金融の量的規制緩和による円安化をとめるべきである。

　第三に、農協潰しをやめるべきである。農協の価格交渉力の土台になってきたのは共同販売・共同購入に他ならず、そのための独禁法適用除外だった。脱却農政は、それを潰して、農外企業主体の6次産業化、経済界と農協の提携強化、農協自体の株式会社化に活路を求める。それは交易条件の改善どころか、農協を、そして農協を通じて農家を、農外企業の下請け原料生産者に変えることでしかなかろう。

成長戦略と国民生活

　脱却農政の大元はアベノミクス成長戦略である。そこで経済成長は国民生活にとって何なのかをよく考える必要がある[1]。アベノミクスがあやかろうとしている日本の二次にわたる高度経済成長は太平洋ベルト地帯を作り上げることに帰結した。そのうえで1980年代後半以降のグローバル化はトーキョーのグローバル・シティ化と首都圏一極集中をもたらした。その結果、

（1）D. コーンは「現代社会は、経済的な豊かさよりも、経済成長に飢えている」とし、それで幸せになれるかを問う（D. コーン、林昌宏訳『経済と人類の、1万年史から、21世紀世界を考える』作品社、2013年、163ページ）。

日本の国土利用構造は、〈グローバル・シティ首都圏—太平洋ベルト地帯—その他〉に三層化し、地方は人口減少・過疎・高齢化に悩まされることになった。

このような構造が今日まで引き継がれている。その下では、たとえ経済成長が起こっても、それは太平洋ベルト地帯とグローバル・シティの内部で完結してしまい、強力な所得再配分政策が遂行されない限り、その他の地域へのトリクル・ダウン（したたり落ち）効果は期待できない。つまり一極集中構造の下での経済成長は地域格差拡大的に作用する。

それだけではない。太平洋ベルト地帯なかんずくグローバル・シティにおける経済成長の成果、そして海外から環流する投資収益は、グローバル・シティに立地する多国籍企業本社の特権層、企業内留保、海外直接投資に回され、太平洋ベルト地帯、グローバル・シティといった地域内の階層間所得格差を強める。

このところジニ係数に示される当初所得格差は急拡大傾向にあり、それをわずかに緩和しているのが社会保障をはじめとする所得再配分政策である[2]。ところがアベノミクスは、経済成長のトリクル・ダウン効果に期待して所得再配分政策を忌み嫌う。農業についても、第4章でみたように、戸別所得補償等を廃して多面的機能支払に変える。

日本の二次にわたる高度経済成長には新鋭重化学工業の創出、そのための技術革新という歴史的条件があった。それに対してアベノミクスの成長戦略の第三は、グローバル化の波にのって日本経済の「世界経済とのさらなる統合」を果たすことである。そのために「企業活動の国境なくします！」というスローガンを掲げている。つまり外資依存の成長戦略だが、金利ゼロの資金過剰の日本に外資への需要は乏しく、そもそも外資にとって内需を重んじない日本市場の魅力は乏しい。そこでTPPやISDSを使って公共財の市場化

（2）拙稿「地域格差と協同の破壊に抗して」『規制改革会議の「農業改革」20氏の意見』農文協ブックレット、2014年。

を図ろうとしているが、それは国民生活の破壊でしかない。

　要するにかつての高度成長の再現条件はなく、外資依存の無理な成長戦略は国民生活を破壊し、何らかの経済成長が一時的に起こったとしてもそれは格差拡大的に作用する。高度経済成長の「夢よもう一度」を追う安倍流の「成長神話」からの脱却こそが国民的課題である[3]。高度成長のトリクル・ダウン効果という「青い鳥」を遠くに求めるのではなく、「地方消滅」[4]、「農村たたみ」の脅しに抗して[5]、農林漁業と協同を基盤にした地域自立を追求すべきである。

脱却農政と国民──自給率問題

　国民にとっては、今回の規制改革会議答申が自分たちの生活とどう係わるのか、全く見えてこない。そのうえマスコミにより一種の農協嫌悪感とも言うべきものがまき散らされている。そういうなかで、国民にとって農協等をめぐる論議は全くの「他人事」になっている。

　それを打破するには、脱却農政が国民生活に何をもたらすのかを明らかにする必要がある。国民の関心はやはり食料自給率や食の安全性だろう。脱却農政における農協や農業委員会をめぐる論議がそれとどう関わるのかが問題である。

　それが見えてこない背景には次のような事情がある。そもそも食料・農業・農村基本法（新基本法）は、食料・農業・農村審議会（以下「農政審」）の議を経て5年ごとに基本計画を定めることになっているが、脱却農政はそれを全く無視して、財界、官邸、農水省の意向で、産業競争力会議や規制改革会議を農政審の上に置いて、農政の基本をどんどん決めてしまっている。いいかえれば食料自給率問題は脱却農政のアキレス腱である。

（3）橘木俊詔・広井良典『脱「成長」戦略』岩波書店、2013年。
（4）増田寛也編著『地方消滅』中公新書、2014年。
（5）小田切徳美「『農村たたみ』に抗する田園回帰」『世界』2014年9月号。

基本計画や農政審の最大の課題は「食料自給率の目標」の設定である。端的に言って農協・農業委員会等の組織をあれこれいじることが食料自給率の向上や多面的機能の発揮にプラスなのか、マイナスなのかが問われる。政府も農業組織もそれに答える必要がある。そうしてこそ初めて脱却農政の是非が国民の胸に落ちる。

自給率をめぐる課題

アベノミクスは日本の海外直接投資と外資の対内直接投資を並行して進めるという。投資の水平化である。加えて農産物貿易については、TPPで輸入が増えても、「クールジャパン」で輸出を増やせばいいという水平的貿易の促進である。要するに国内農業は高級品の生産と輸出に励み、日常品は輸入依存ということだろう。

現行の自給率概念は〈国内生産/国内消費〉だから、輸出を増やせば自給率が高まることになる。しかし先進国最低の自給率の日本が「輸出で自給率を高める」といってもそれはお笑いであろう。もちろん輸出自体は大切だが（特に過剰な米の輸出）、その前に、数字的に比較にならないほど大きい輸入をどうするかが問題である。

このように脱却農政がめざす目標と、国民のウオンツ、それを踏まえた新基本法の「食料の安定確保」、そのための自給率向上は、まったく乖離している。

食料自給率については二つの問題がある。

第一に、食料の安定的確保をめざすうえで、その指標が唯一絶対か。前述のように、食料自給率は分子の国内生産を分母の国内消費で割った相対概念で、分母が減っても自給率は高まる。日本が人口減少社会に突入し、分母が減る可能性が高まる時代に、相対概念だけでは「食料の安定供給の確保」はできない。農産物の生産量そのものを増やしていく食料自給力という絶対概念が必要になる。

第二に、現在の自給率目標は2010年に民主党政権下で設定された50％だが、

それが妥当かの議論はありうる。50％目標は、「我が国の持てる資源をすべて投入した時にはじめて可能となる高い目標」であり、もっぱらカロリー自給率に着目して設定されたものである。それを達成するため、野菜、果実、畜産物の目標は2005年計画から引き下げ、水田の排水良好面積あるいは湿田以外にいも類を植え付ける。

「食料の安定供給の確保」は平時と不測時に分かれ、自給率は平時に関わるものだが、このような民主党政権の自給率設定は、問題を不測時の対応と取り違えている。自給率は国民の食生活やそこでのニーズを踏まえた無理のないものである必要がある。

検討の筋道を新基本法、農政審議会に戻し、そこでもっと現実に即した自給率目標を再設定し、併せて自給力目標を生産要素ごとに設定し、それを実現することとの関わりで、現在の脱却農政の方向が正しいのか、その点を国民とともに議論していく必要がある。

あとがき

　21世紀に入り隔年で時論集を出すことにしてきた（奥付）。しかし政権交代期の「政局農政」に追いつかず、ブックレットやパンフレットでの対応になった。本書は1年遅れでの7冊目の時論集である。
　内容的にはここ半年ほどに書いたものを再構成したので、発行まもない元稿を使わせてもらった。元稿の発表誌書名等のみを次に列記して感謝する。

　第1章第1節…『経済』2014年9月号、『ポストTPP農政』農文協ブックレット、2014年、『文化連情報』2014年5月号
　　　第2節…『農業と経済』2014年4月臨時増刊号
　第2章…『月刊NOSAI』2014年3月号、『文化連情報』2014年6月号
　第3章…『農業と園芸』2014年4～6月号
　第4章…『季刊　地域』14号（2013年夏）、『ポストTPP農政』（前掲）
　第5章第1節…『農政調査時報』571号（2014年春）
　　　第2節…『農業と経済』2014年6月号
　第6章第1節…小沢隆一・榊原秀訓編『安倍改憲と自治体』自治体研究社、2014年5月
　　　第2節…『規制改革会議の農業・農協攻撃をはねかえす』農業・農協問題研究所、全農協労連、2014年7月、Ⅰ
　第7章第1節…『文化連情報』2014年7～9月号
　　　第2節…『規制改革会議の農業・農協攻撃をはねかえす』（前掲）Ⅰ

　このうち第1章2節、第3章、第5章2節、第6章1節は元稿を活かした部分が多いが、他は全面改稿している。
　短期間にいくつかの方面に言及するにあたっては、多くの方々に情報提供や御教示をいただいた。各地で話す機会にいただいたご意見や質問は大いに

参考・刺激になった。また松﨑めぐみさんには情報収集と校正、筑波書房の鶴見治彦社長には迅速な制作にご協力いただいた。記して厚くお礼申し上げる。

　残された課題が二つある。一つは、本書はこれまでの経過とその批判を主としたが、それへの対抗策の発信が必要である。

　これは今秋冬の課題だが、二つ目はもう少し長い。すなわち時論は霞が関や大手町の議論を地べたから見つめ直したいという思いで、聞き書きとセットで考えてきた。今回は時論のまとめが先になったが、定年まで残る時間をむら歩きとその整理にあてたい。

　2014年8月25日

　　　　　　　　　　　　　　　　　　　　　　　　　　　　田代　洋一

著者略歴

田代　洋一（たしろ　よういち）

1943年千葉県生まれ、1966年東京教育大学文学部卒、農水省入省。横浜国立大学経済学部等を経て、2008年度より大妻女子大学社会情報学部教授。博士（経済学）。

時論集

『日本に農業は生き残れるか』大月書店、2001年11月
『農政「改革」の構図』筑波書房、2003年8月
『「戦後農政総決算」の構図』筑波書房、2005年7月
『この国のかたちと農業』筑波書房、2007年11月
『混迷する農政　協同する地域』筑波書房、2009年10月
『反TPPの農業再建論』筑波書房、2011年5月

戦後レジームからの脱却農政

2014年10月14日　第1版第1刷発行

　　著　者　田代洋一
　　発行者　鶴見治彦
　　発行所　筑波書房
　　　　　　東京都新宿区神楽坂2－19 銀鈴会館
　　　　　　〒162－0825
　　　　　　電話03（3267）8599
　　　　　　郵便振替00150－3－39715
　　　　　　http://www.tsukuba-shobo.co.jp

定価はカバーに表示してあります

印刷／製本　平河工業社
©Yoichi Tashiro 2014 Printed in Japan
ISBN978-4-8119-0450-4 C0033